柴田明美のOne&Only
世界唯一
我的手作牌
可愛拼布包

AKEMI SHIBATA

親愛的讀者們，午安！

此刻，我正待在香港一間純白色的殖民風飯店裡，一邊品嚐午後的茶點，一邊寫著這篇文章。提起這幾週，我每週都在馬來西亞、北京、香港、美國、印尼等五個國家排有講習會。之所以會這麼馬不停蹄地飛奔於國外，也是因為我的書陸續在西班牙、法國、及泰國等五個國家出版的緣故。

換句話説，這本書在日本海的另一個陸地上，也有眾多支持我的廣大書迷們，讓我覺得萬分感動，我將努力構思更多耳目一新的設計來回饋各位讀者。

容我稍微換個話題，記得好幾年前，在百貨公司舉行拼布講座活動時發生的一段小插曲。手拿一只稀有罕見的名牌包，腳上蹬著美麗的水晶鞋，全身一襲米色系深淺穿搭的服裝，這麼一名貴氣的女性出現在會場上。這名女士直接表明想要購買我的作品樣本。「因為是用來提供顧客購買材料包時的作品樣本，所以很抱歉，恕我無法提供買賣……」我如此試著向她解釋。

沒想到，她找來了百貨公司的外場管理人員。不過，我的回答依舊相同。這或許是那位女士生平第一次瞭解到吧！就算百貨公司敞開大門歡迎，也是會有買不到的「世界唯一」商品。

相信我們一定能夠親手創作出這麼一個「世界唯一」的作品！而由衷感到喜悦！

柴田明美

PROFILE

1984 年創立拼布商店，為一注重個性、自立、領導力的學校，廣受好評，現在全國開課數約達 50 班。個人特別喜愛復古風拼布、高雅且帶有可愛元素的作品，在國內外擁有極高人氣。<< 柴田明美 私のパッチワーク >><< 柴田明美 とっておきのパッチワーク >><< 柴田明美 渋くてかわいいパッチワーク >>（皆由 Boutique-sha 發行）等作品被翻譯為中文、泰語、法語等。

<< 柴田明美の微幸福可愛布作 >> 繁體中文版由雅書堂文化出版。

CONTENTS

good Day

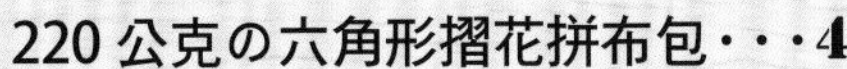

「拼布是由過去寄來的信」

〈中文翻譯請見附錄P.97〉

1978
2013
アメリカンキルトと時代との関わり
1600イギリス 東インド会社設立
1607イギリスがアメリカのヴァージニアに植民開始
1620メイフラワー号でイギリスの清教徒が102名 マサチューセッツのプリモスに致着
1693メノナイトから分かれたスイス人のヤコブアンマン司教がアーミッシュを率いる
1714アーミッシュがアメリカのペンシルバニアに移住開始
1769イギリスのリチャード・アークライトが水力紡績機を発明
1773ボストン茶会事件
1775アメリカ独立戦争
1789サミュエル・スレイダーがイギリスより密航して紡績機を組み立てに成功
1793ホイットニーが綿繰り機を発明 木綿の大量生産が可能に
1851アイザックシンガー ミシンの特許取得
1852ストウ夫人『アンクル・トムの小屋』発表
1861南北戦争
1862リンカーンによりホームステッド法が制定される
1865奴隷制廃止
1876アメリカ建国100周年記念万博フィラデルフィアで開催
1886ニューヨークに自由の女神がフランスより贈られる
1890ウィリアム・モリスらがアーツ クラフツ運動開始 アールヌーボーの芸術広まる
1914第一次世界大戦 アメリカは繁栄しキルトも再び流行
1929大恐慌 キルト熱は下降
1939第二次世界大戦
1971ジョナサン・ホルスタインが『アメリカのキルトにおける抽象デザイン』展開催
1975ホルスタインにより日本初のキルト展が東京で開催される
1976アメリカ建国200周年第一次キルトリバイバルが始まる
2009第44代大統領にオバマが就任
キルトと布と染色とデザインの変遷
1500インドカシミール地方でペーズリー柄の布が作られる
1780イギリスでターキーレッドが染められる
1790高価な植物柄のチンツが出まわる
1790トワール 単色の線で人々の田園生活を描く
1790ストライプ流行
1800ピラープリント(柱)
1810ファンシーマシンによるピコタージ 点模様が全盛
1820ボストンの宣教師が布教の為にハワイに渡り ハワイアンキルトが誕生
1820レインボーストライプ
1826ターキーレッド
1830サーペンタインストライプ エキセントリックプリント
1840フレンチプロビンシャルプリント
1840ドイツの化学者が灰と雨水とさびでプルシアンブルーを発見 緑はプルシアンブルーにクロムイエローを混ぜた
1840ボルチモアキルトが作られる マリー・エヴァンスは高い技術
1846レインボープリント 仏語でオンブレー フォンデュ
1856英ウィリアム パーキンがパープル仏モーブの合成 英でモーヴシーズルズ(モーヴはしか)現象が起きる
1865キャリコクレイズ(大流行)
1868合成染料のアリザリン 赤
1872ロンドンでケンジントン王立刺繍学校が開校
1876クレージーキルト大流行 万博で日本館が影響を与える
1880カンバゼーションプリント ハチ ハエ イカリ 馬の蹄鉄など気まぐれなプリント
1911マリーウェブスターが雑誌に作品を発表し名声を広める メールオーダービジネスを早くもスタート
1915彼女がアメリカで最初のキルトブックを発行
Mayflower
Log Cabin
House
American Flag
Tree of Life
Stamp Basket
Double Wedding Ring
Sunbonnet Sue
Hexagon
Bow Tie
1714 Amish Quilt
1790 Brodrie Perse
1820 Hawaiian Quilt
1840 Baltimore Quilt
1876 Crazy Quilt
Paisley
Turkey red
Serpentine Stripes
Eccentric
Prussian Blue
Chocolate brown
Purples Mauve
Serpentine Stripes
Prints Conversation
A.S

長久以來在教室裡指導學生拼布歷史時，心裡總想著：「要是有個表格，應該會更容易理解吧！」這次終於用這片拼布來實現了！中間由上而下分別為阿米希拼布、波斯拼布、夏威夷風拼布、巴爾的摩拼布、碎布拼布，依其各個拼布出現的年代順序排列。右側是將拼布的相關歷史、染色方法、布料的顏色或流行圖案依年代順序，以刺繡的文字來表現。最右側則是以其翻印版的布料縫入檸檬星圖案。左側則是將美國的歷史與布的歷史作對照來配置。

完成時，彷彿終於建造了一件浩大的工程般，讓我鬆了口氣。

（尺寸：210cm×180cm 參考作品）

22歲嫁入手藝店。
原本以為自己超愛織物與手藝，肯定是游刃有餘，
結果證明是我太天真了！
處於資深工作人員與專業的家族成員之中，我根本使不上力，
失去自信後，更讓我深深覺得沒有容身之處，
每天都像走投無路一般。
擁有兩個孩子理應感到滿滿的幸福，但內心卻覺得悲慘，
就這樣持續了好幾年，處於完全黑暗的世界。

就在我人生的最低潮時，我遇見了拼布！
我終於爬出了谷底，來到充滿色彩的世界，
一針一線忙到深夜，連睡覺都捨不得，
只要能夠接觸到布料，全身便感到莫名的幸福，
拼布賦予了我，再次重生的能量，
因此，我深信拼布擁有能夠帶給人們幸福的魔力。

為了傳遞這份幸福，因此我每天不停地縫製拼布，
連教學的工作也停不下來。
不僅是日本國內，我想將縫製拼布的喜悅帶給全世界的每個人，
直到眼睛看不見、直到無法拿針為止，我都要一直不停地縫製拼布。
將小小的布片置於膝蓋上……

柴田明美

在玫瑰園裡拼布

我非常喜愛玫瑰花。雖是個小庭院，我卻自得其樂地栽種了許多品種的玫瑰。時值五月，圍繞在五彩繽紛、燦爛盛開的玫瑰花之中，讓細針盡情穿梭於指縫，是何等幸福的瞬間，感覺自己彷彿能夠創作出強勁、有活力，就像擁有花朵般生命力的拼布作品。

講師群

超過二十年，不斷支持著我的重要講師群。總是幫我一起構思學生與拼布的大小事。雖然作風各有不同，但卻是一群能夠認同彼此、互相幫助的好伙伴。

展品解說

我的起點是骨董拼布，照片中的我正在說明我所收藏的拼布、使用的布料年代與染色方法。我心裡總是掛念著，希望能將拼布的魅力傳遞給更多的人知道。

海外講師培訓

今年出國舉辦了十八場海外講座，包括莫斯科、北京、上海、曼谷、雅加達、香港、馬來西亞……等地。指導範圍從裁布圖、配色、應用至領導能力，並頒發具講師資格的認證書，我認為教授有關夏威夷風拼布、巴爾的摩拼布、刺繡拼布、阿米希拼布、塞米諾印第安拼布等拼布的廣泛知識，以及培育出能深入理解並喜愛拼布魅力的講師，是我此時此刻最重要的工作之一，因此，才會三番兩次地前往同一個國家。在遇見拼布之前，曾感到無所適從的我，如今，卻有了許多讓我感到愉悅的身處之地，即便每天都忙碌不已，但哪怕只是微薄之力，只要能將拼布的魅力推向世界各地，都能讓我感到喜悅，就當作是我的報恩吧！

莫斯科

莫斯科

香港

印尼

泰國

北京

220公克の六角形摺花拼布包

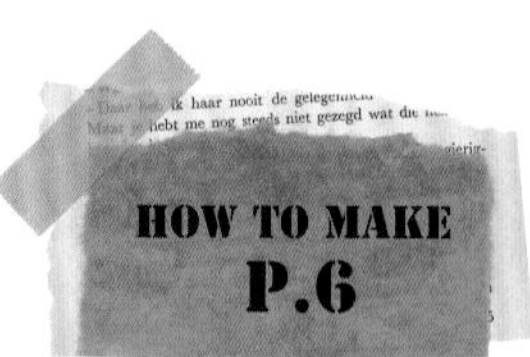
HOW TO MAKE
P.6

「就是想要一個輕盈的包包！」
由這樣的概念衍生出來的袋物，
裝上提把也不過才220公克，
加上可愛的造型，
真想每天都帶著它啊！

1 ★

都會風格簡約包

搭配簡潔清爽的白色原創提把，
讓人不自覺地想以相同素材製作滾邊處理。
雖與作品**1**同樣具有超輕量特質，
但此款更添加了流行元素。

2

P.4 ① 220公克の六角形摺花拼布包

材料
拼布用布
（花・花蕊／A 102片）合計110×25cm
表布（印花布／A 97片）110×55cm
鋪棉　100×50cm
裡布（印花布）100×50cm
長度50cm的提把　1組

裁布圖　**前袋身1片**（表布・鋪棉・裡布）

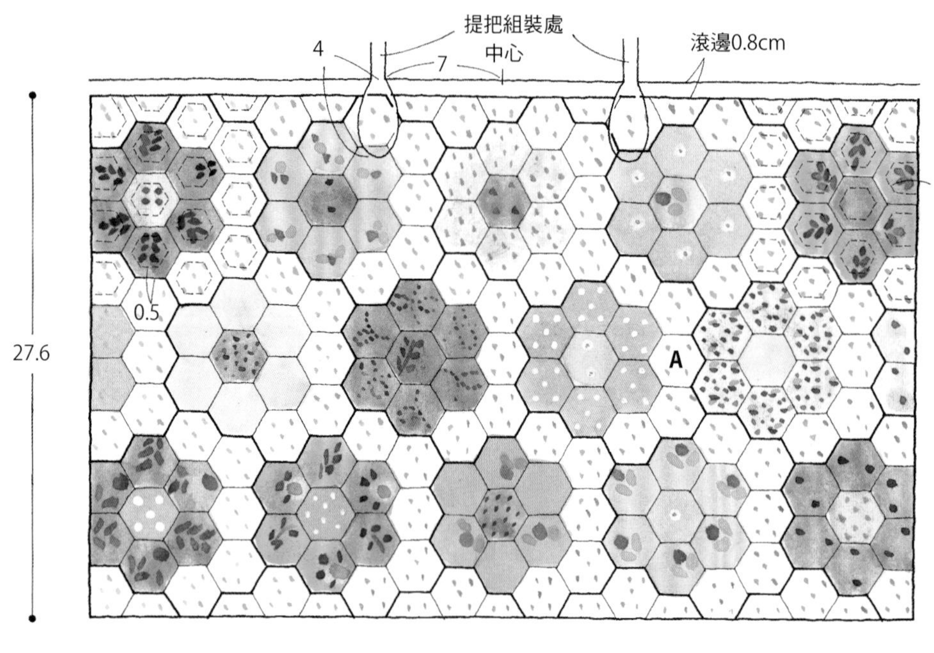

提把組裝處
4
7
中心
滾邊0.8cm
壓線
0.5
A
27.6
44.8

後袋身1片（表布・鋪棉・裡布）

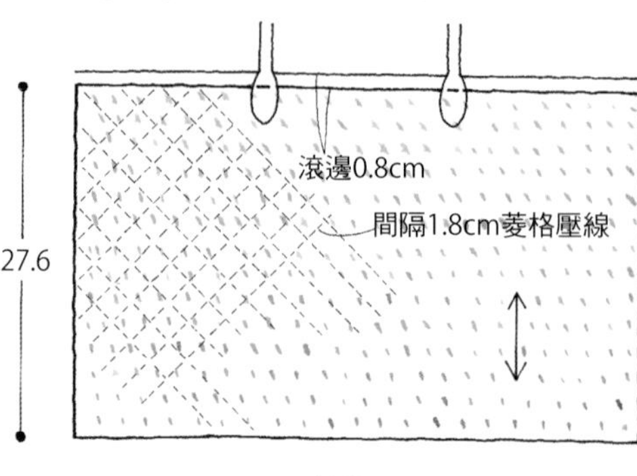

滾邊0.8cm
間隔1.8cm菱格壓線
27.6
44.8

袋底布1片（表布・鋪棉・裡布）

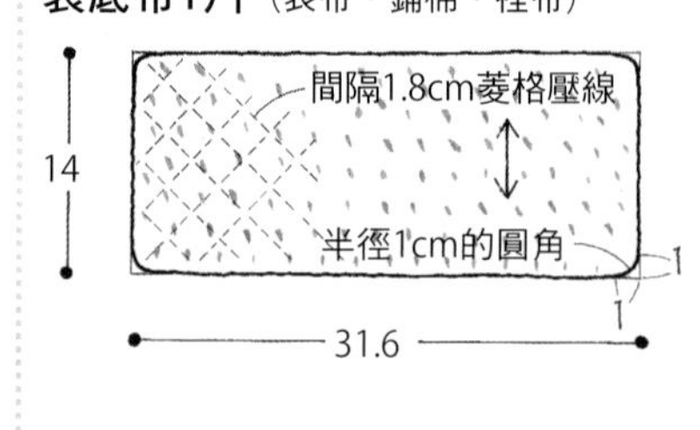

間隔1.8cm菱格壓線
14
半徑1cm的圓角
1
1
31.6

作法

1 拼縫布片，縫製表布。
將鋪棉與裡布疊放後，
進行壓線。
後袋身與袋底同樣進行壓線。

2 縫合袋身的側邊，
並包捲縫份固定。

3 縫合袋身&袋底。

4 以直布紋的表布
於袋口製作滾邊。

5 組裝提把。

1

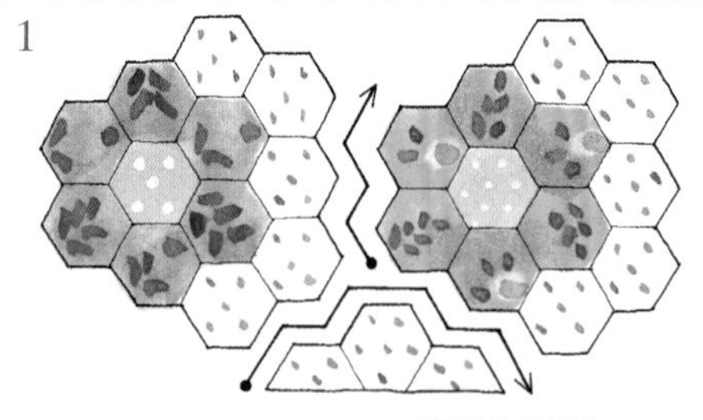

鑲嵌布片拼縫

2

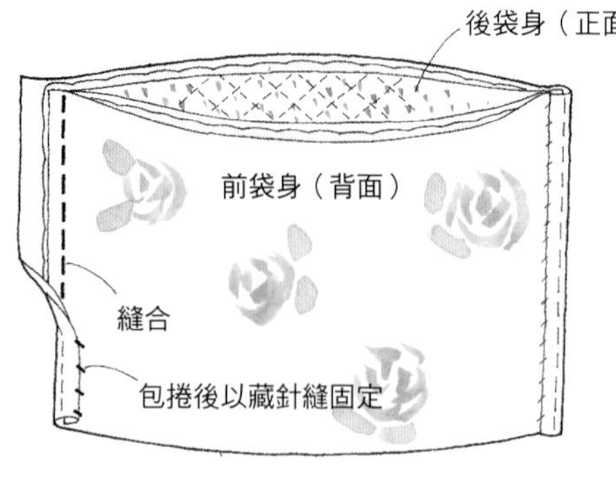

後袋身（正面）
前袋身（背面）
縫合
包捲後以藏針縫固定

3

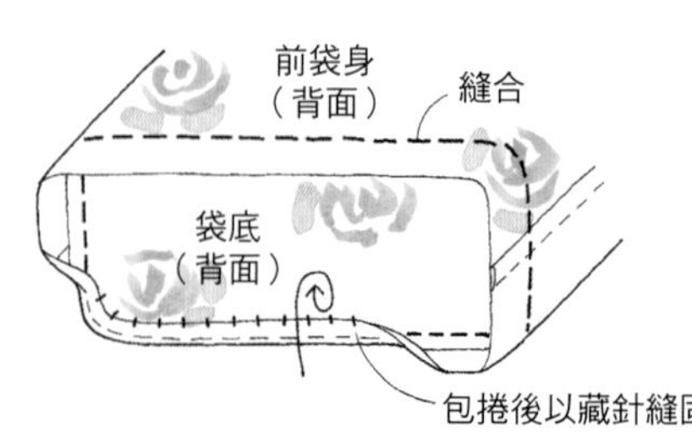

前袋身
（背面）
縫合
袋底
（背面）
包捲後以藏針縫固定

4・5

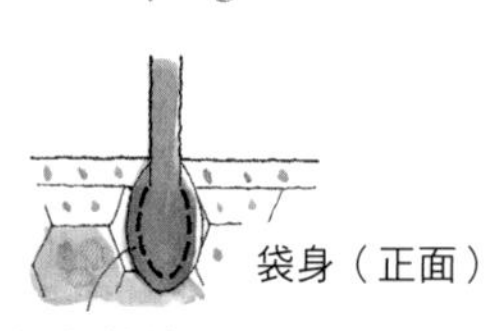

袋身（正面）

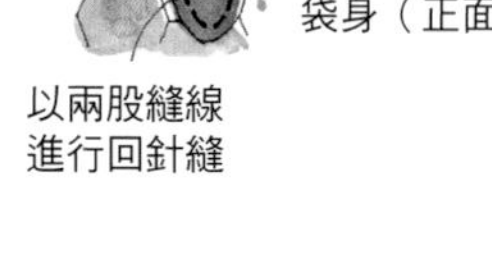

以兩股縫線
進行回針縫

完成尺寸

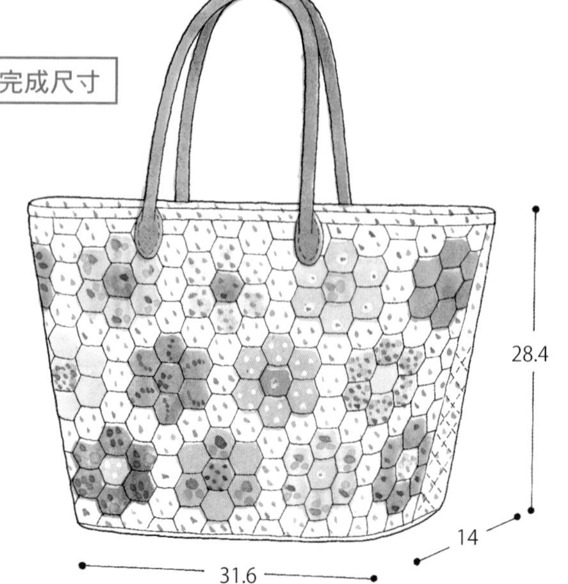

28.4
14
31.6

P.5 ② 都會風格簡約包

材料

拼布用布
（水藍色、印花布／A 各36片）各40×40cm
（白色圓點花樣／B 36片）30×30cm
表布（條紋布／A 36片）100×50cm
鋪棉 110×50cm
裡布（印花布）110×50cm
長度50cm的提把 1組
寬度2cm合成皮滾邊條 100cm

裁布圖

前袋身1片（表布・鋪棉・裡布）

提把組裝處
5
7
中心
滾邊0.8cm
1
A
B
28.8
ⓐ布塊
ⓑ布塊
48

作法

與P.6作法相同，以直布紋的表布於袋口製作滾邊，並且將合成皮滾邊條包覆上方縫合，再接縫提把。

表布的縫法

製作兩種三角形，依每一縱列縫合。

縫至記號處
AB為紙型標示
鑲嵌布片拼縫

ⓐ布塊／21片
將水藍色配置於左下方
印花布
條紋布
水藍色布

ⓑ布塊／21片
將水藍色配置於右下方
印花布
條紋布
水藍色布

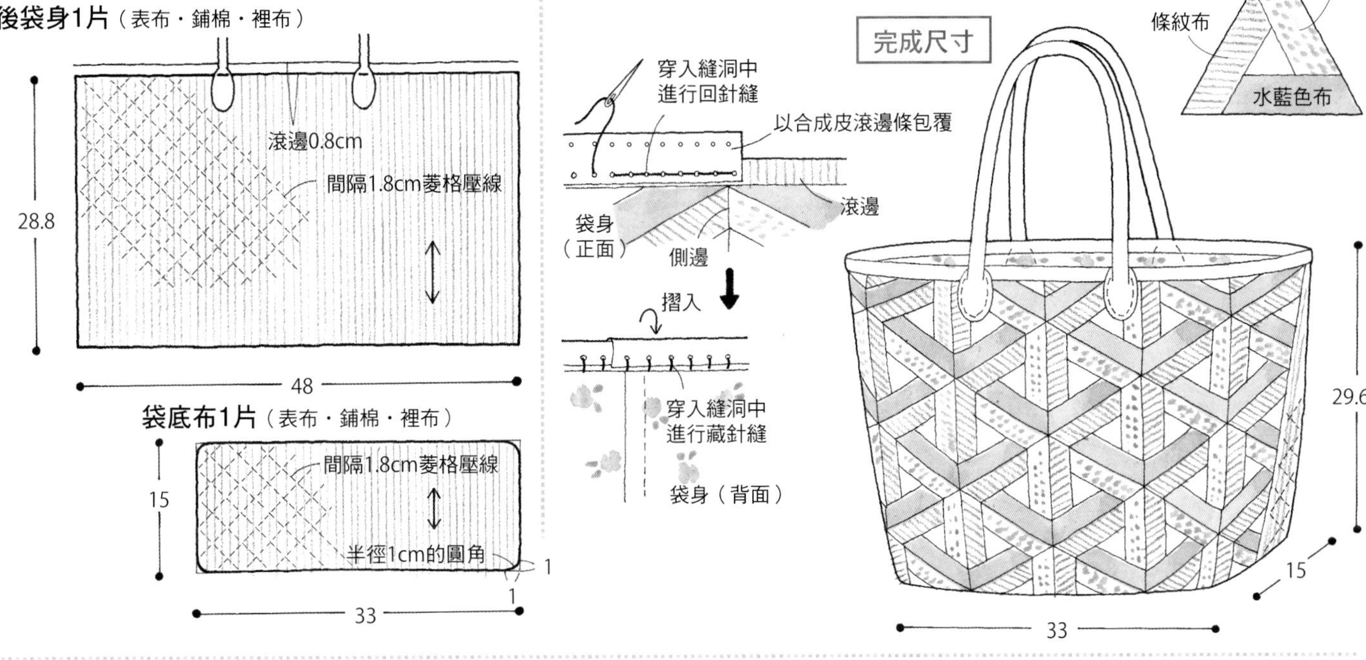

後袋身1片（表布・鋪棉・裡布）
滾邊0.8cm
間隔1.8cm菱格壓線
28.8
48
袋底布1片（表布・鋪棉・裡布）
間隔1.8cm菱格壓線
半徑1cm的圓角
15
1
1
33
穿入縫洞中進行回針縫
以合成皮滾邊條包覆
袋身（正面）
側邊
滾邊
摺入
穿入縫洞中進行藏針縫
袋身（背面）
完成尺寸
29.6
15
33

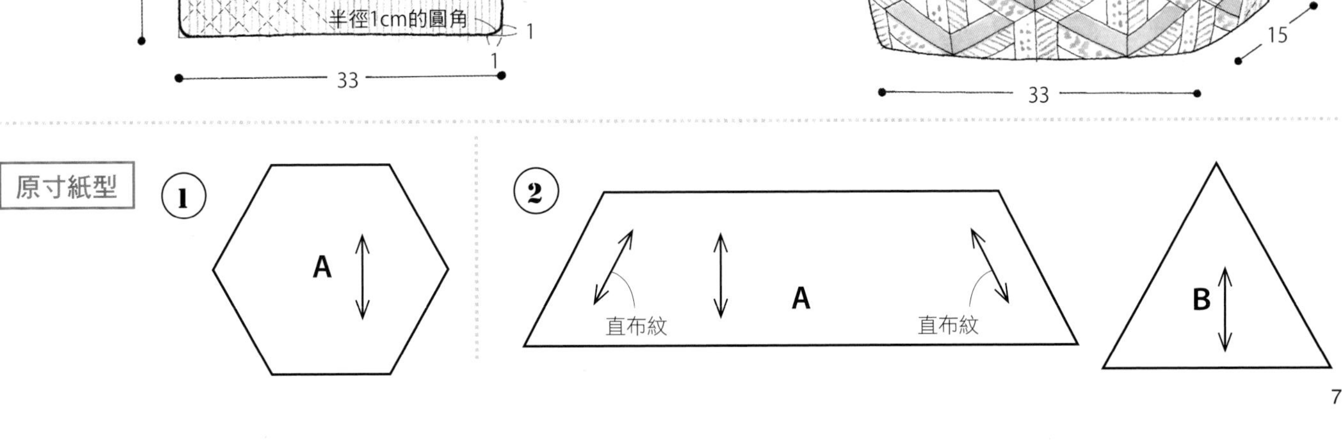

原寸紙型
①
A
②
A
直布紋
直布紋
B

六朵鬱金香拼接包

想要製作一個會讓人捨不得用，
只想擺著像裝飾品一般的可愛包包。
無數次重覆試作的鬱金香，
最後終於完成了！
是一款讓人感到大大滿足的包包喔！

HOW TO MAKE
P.10

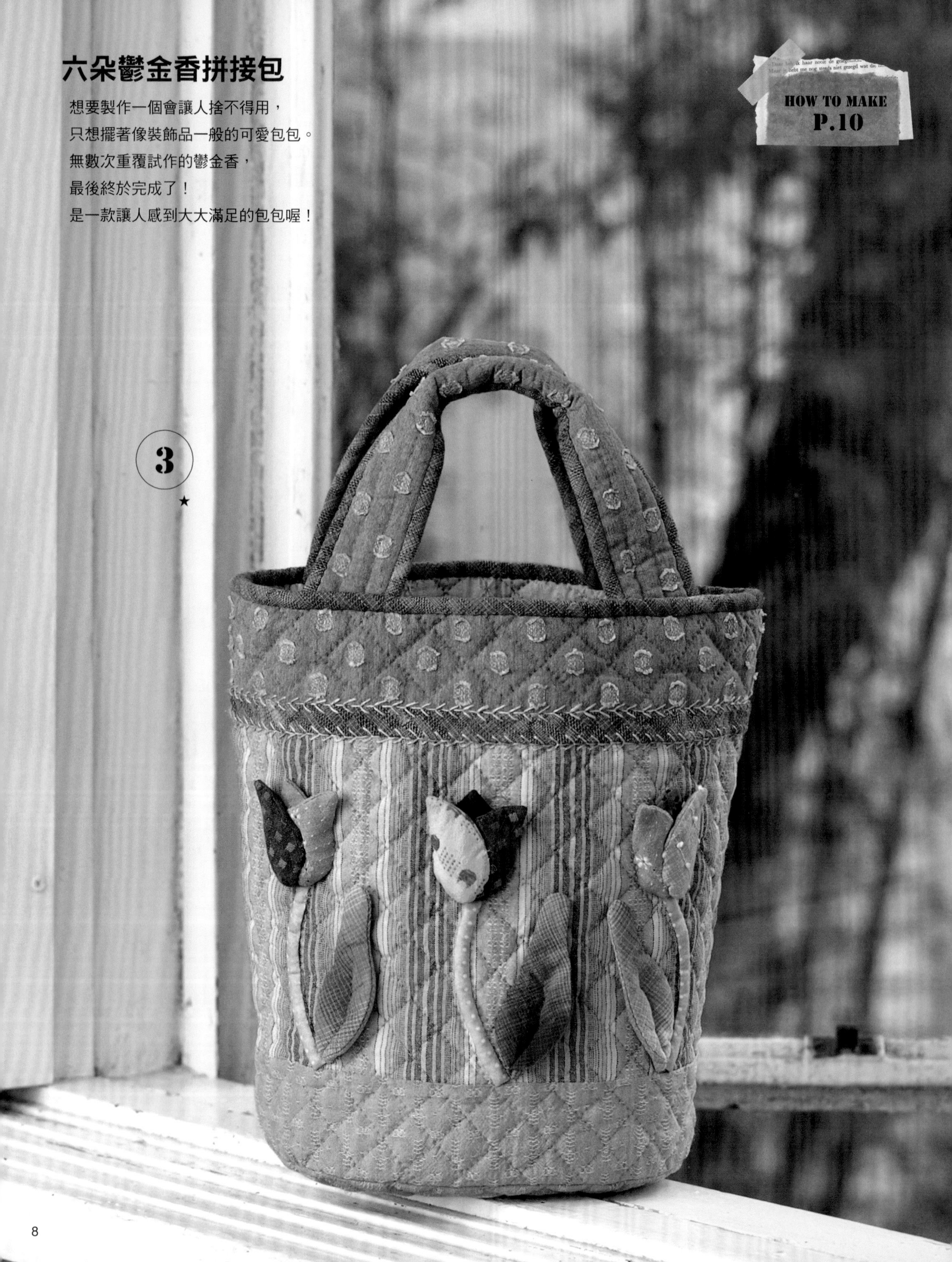
3
★

可愛鬱金香拼接包

在我的工作桌附近，
總有超過1000反（1反大約12尺長）
的布等待著上場。
雖然我超喜歡雅致的色調，
不過最近稍微涉獵到明亮的顏色。
是什麼緣故呢？
我想隨風搖曳的可愛鬱金香，
應該很適合明亮的顏色吧！

後袋身貼心地附上小口袋。

4

點綴上小巧的圓珠。

HOW TO MAKE
P.12

熨斗／AWABEES

P.8 ③ 六朵鬱金香拼接包

材料

貼布縫用布　適量
a布（淺駝色圓點花樣）55×40cm
b布（焦茶色）90×30cm
c布（條紋布）70×18cm
d布（水藍色）35×35cm
鋪棉　70×50cm
裡布（印花布）100×30cm
毛線、麻線（淺駝色）

裁布圖

袋身1片（表布・鋪棉・裡布）

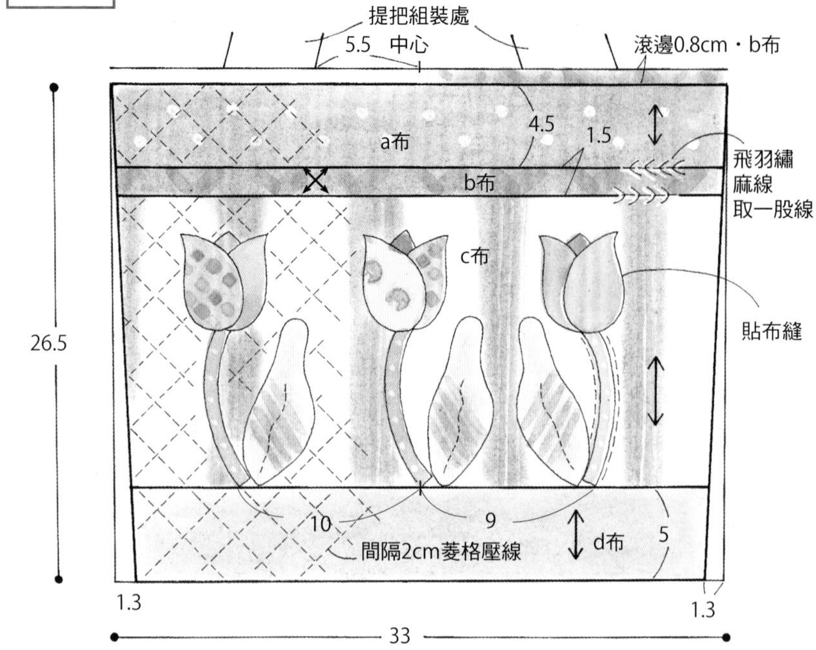

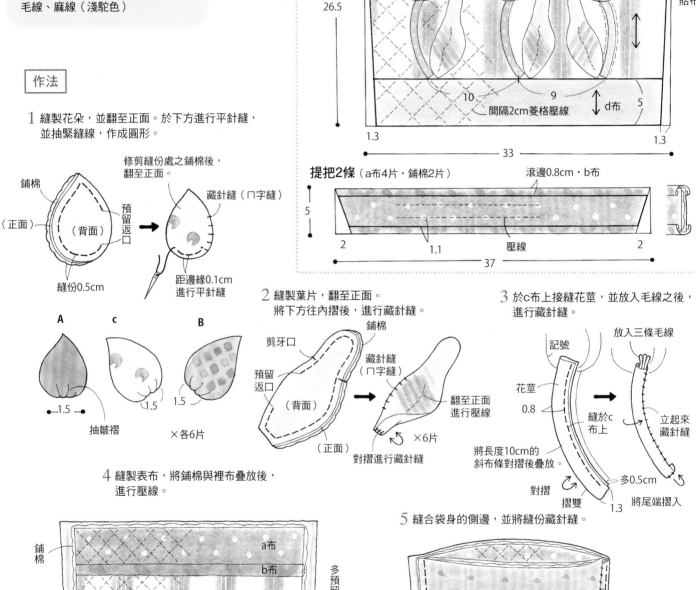

提把組裝處
5.5
中心
滾邊0.8cm・b布
a布
4.5
1.5
b布
飛羽繡
麻線
取一股線
c布
貼布縫
26.5
10
9
間隔2cm菱格壓線
d布
5
1.3
1.3
33

提把2條（a布4片・鋪棉2片）

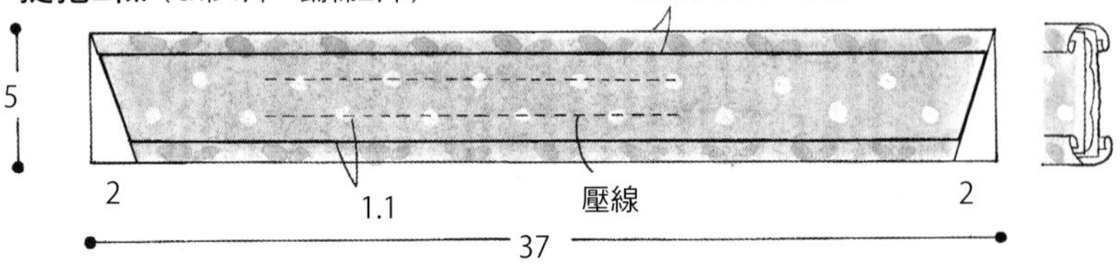

滾邊0.8cm・b布
5
2
1.1
壓線
2
37

作法

1 縫製花朵，並翻至正面。於下方進行平針縫，並抽緊縫線，作成圓形。

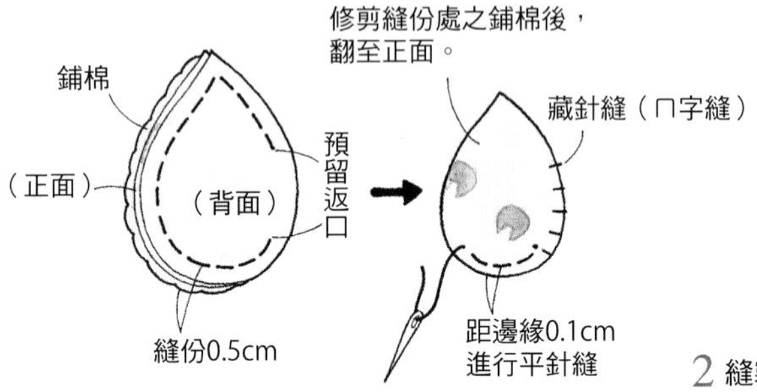

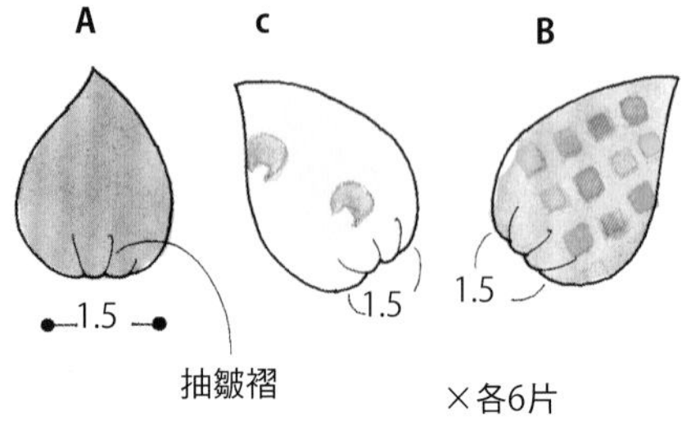

修剪縫份處之鋪棉後，
翻至正面。
鋪棉
預留返口
（正面）
（背面）
藏針縫（ㄇ字縫）
縫份0.5cm
距邊緣0.1cm
進行平針縫
A
c
B
1.5
1.5
1.5
抽皺褶
×各6片

2 縫製葉片，翻至正面。
將下方往內摺後，進行藏針縫。

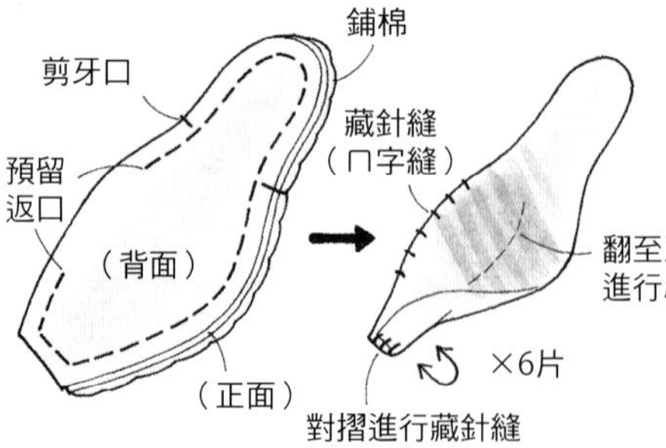

鋪棉
剪牙口
預留返口
（背面）
（正面）
藏針縫
（ㄇ字縫）
翻至正面
進行壓線
×6片
對摺進行藏針縫

3 於c布上接縫花莖，並放入毛線之後，進行藏針縫。

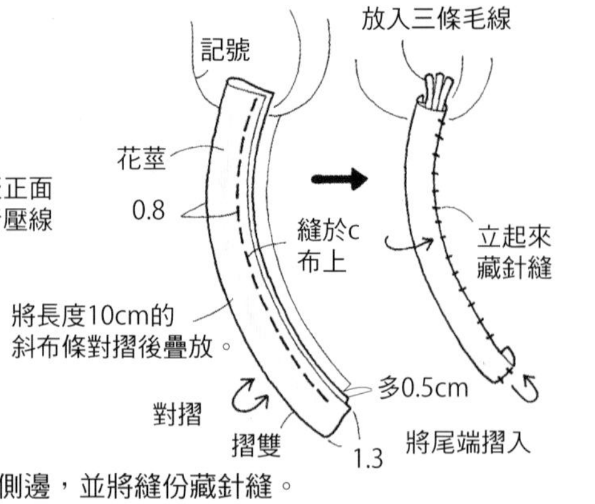

記號
放入三條毛線
花莖
0.8
縫於c
布上
立起來
藏針縫
將長度10cm的
斜布條對摺後疊放。
多0.5cm
對摺
摺雙
1.3
將尾端摺入

4 縫製表布，將鋪棉與裡布疊放後，進行壓線。

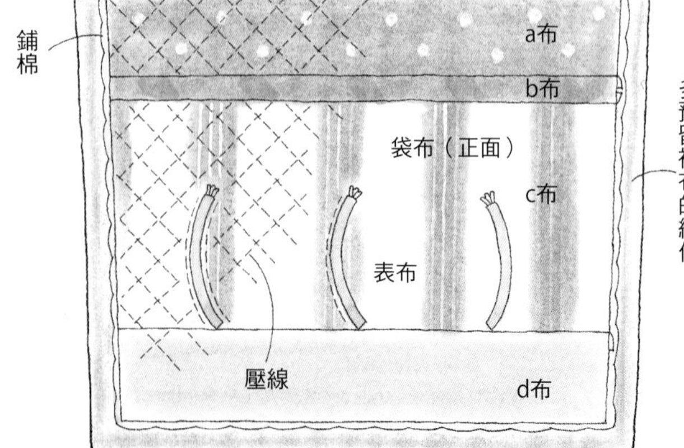

鋪棉
a布
b布
多預留裡布的縫份
袋布（正面）
c布
表布
壓線
d布

5 縫合袋身的側邊，並將縫份藏針縫。

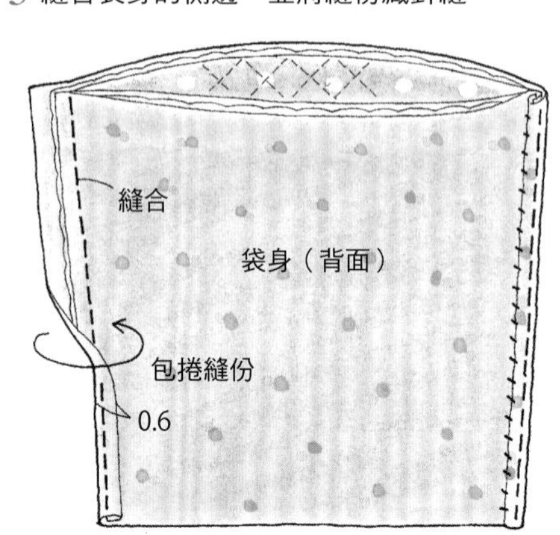

縫合
袋身（背面）
包捲縫份
0.6

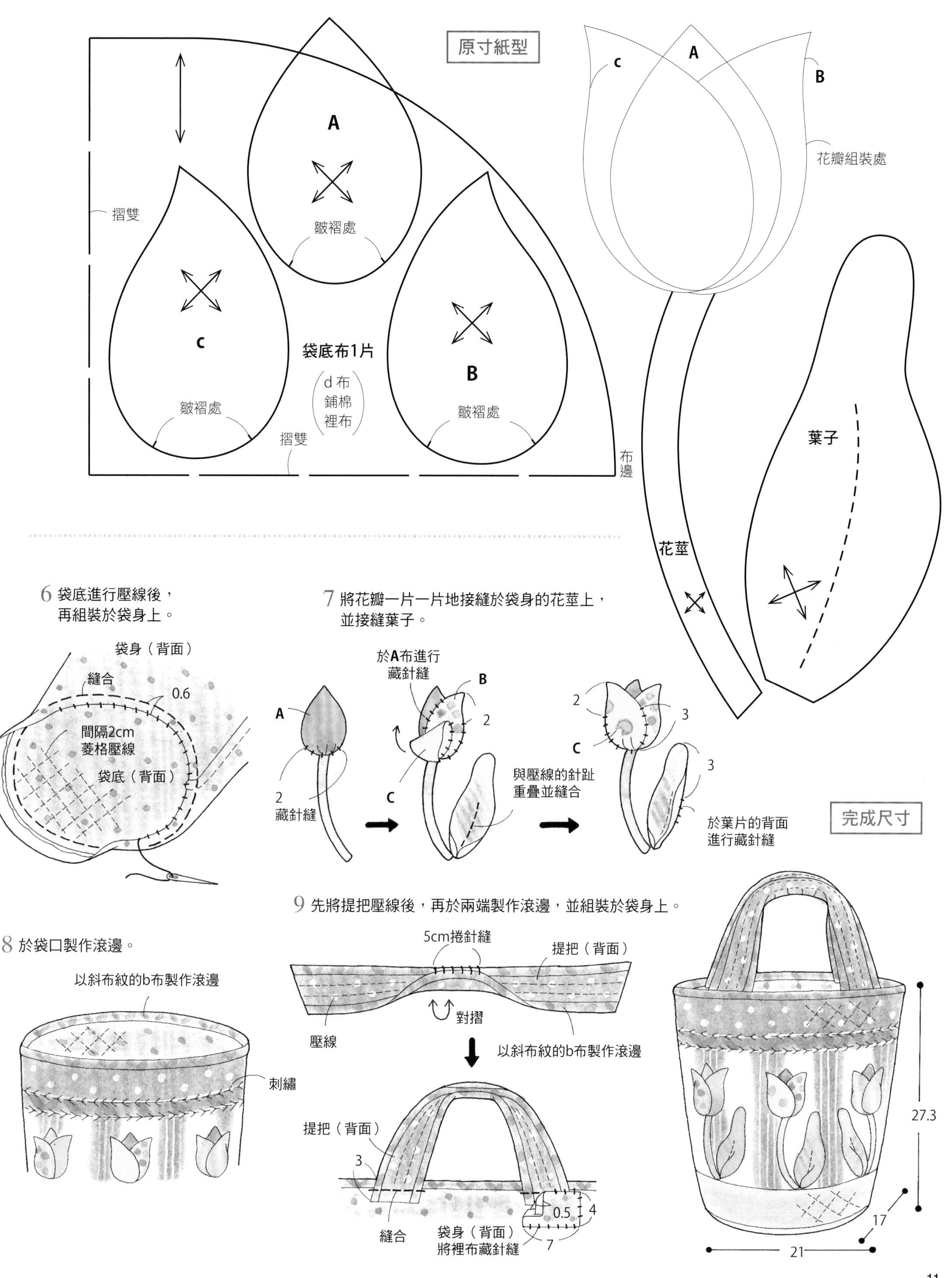
原寸紙型
A
c
B
花瓣組裝處
摺雙
皺褶處
袋底布1片
d布
鋪棉
裡布
布邊
葉子
花莖
6 袋底進行壓線後，
再組裝於袋身上。
袋身（背面）
縫合
0.6
間隔2cm
菱格壓線
袋底（背面）
7 將花瓣一片一片地接縫於袋身的花莖上，
並接縫葉子。
於A布進行
藏針縫
2
藏針縫
與壓線的針趾
重疊並縫合
3
於葉片的背面
進行藏針縫
完成尺寸
8 於袋口製作滾邊。
以斜布紋的b布製作滾邊
刺繡
9 先將提把壓線後，再於兩端製作滾邊，並組裝於袋身上。
5cm捲針縫
提把（背面）
對摺
壓線
以斜布紋的b布製作滾邊
縫合
袋身（背面）
將裡布藏針縫
0.5
4
7
27.3
17
21

P.9 ④ 可愛鬱金香拼接包

材料
貼布縫用布　適量
表布（格紋布）80×20cm
配色布（焦茶色）55×40cm
鋪棉　110×25cm
裡布（印花布）110×25cm
布襯（薄）11×7cm
寬度0.6cm的蕾絲　80cm
大圓珠　約50顆
長度20cm拉鍊　1條
寬0.5cm細繩　50cm
繩釦　1個
長度50cm的提把　1組
25號繡線（焦茶色）

※原寸紙型請見P.86。

裁布圖

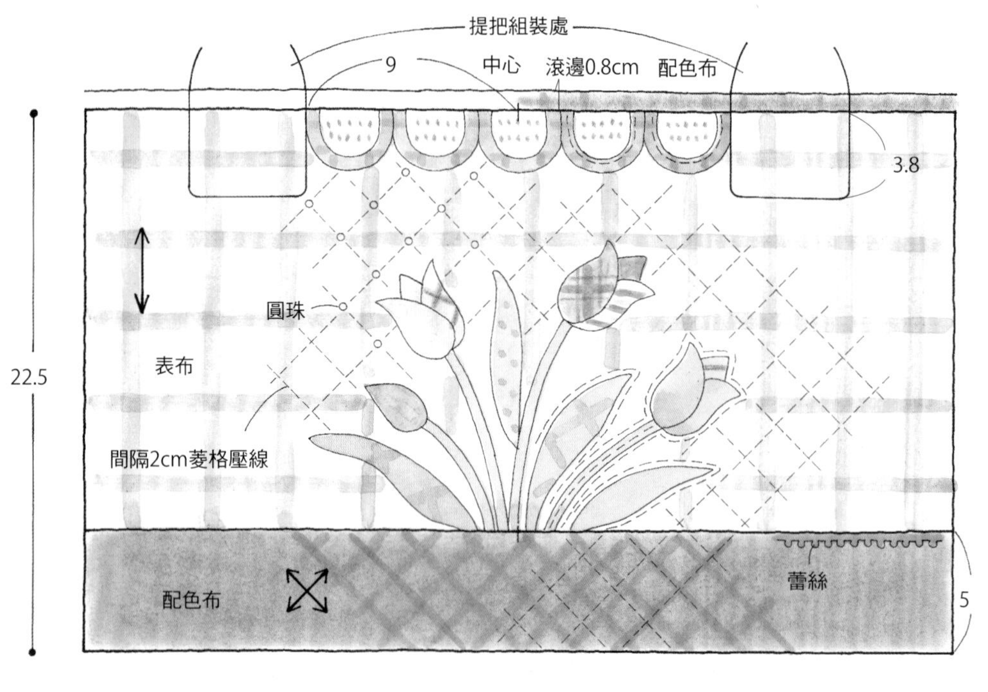
前袋身1片（表布・鋪棉・裡布）
提把組裝處
9
中心
滾邊0.8cm
配色布
3.8
圓珠
表布
22.5
間隔2cm菱格壓線
配色布
蕾絲
5
37

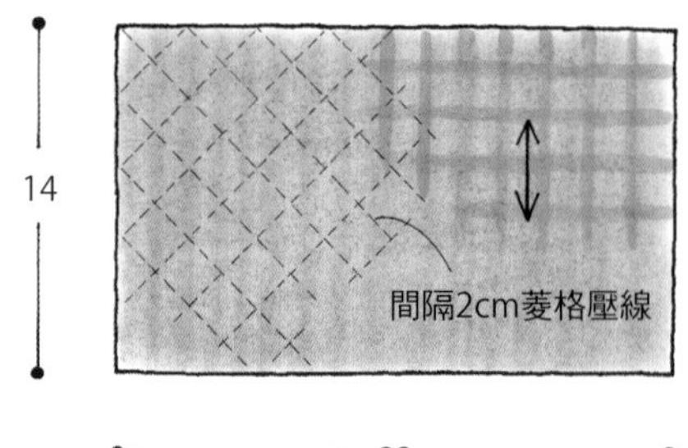
袋底布1片（配色布・鋪棉・裡布）
14
間隔2cm菱格壓線
23

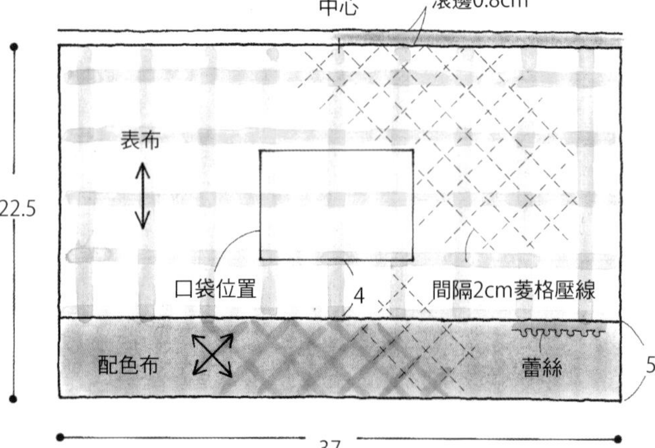
後袋身1片（表布・鋪棉・裡布）
中心
滾邊0.8cm
表布
22.5
口袋位置
4
間隔2cm菱格壓線
配色布
蕾絲
5
37

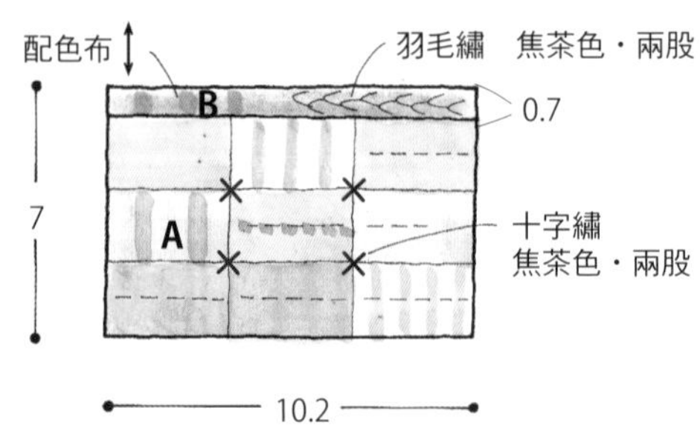
口袋布1片（表布・鋪棉・裡布）
配色布
羽毛繡　焦茶色・兩股
B
0.7
7
A
十字繡
焦茶色・兩股
10.2

作法

1 縫上圓珠，製作口袋的表布。與裡布疊放後，縫合周圍，並翻至正面，進行壓線。

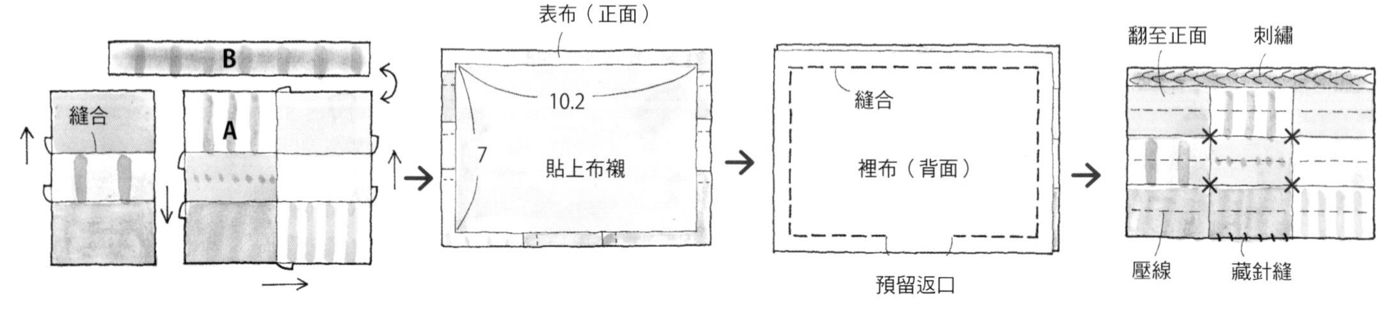
B
縫合
A
表布（正面）
10.2
7
貼上布襯
縫合
裡布（背面）
預留返口
翻至正面
刺繡
壓線
藏針縫

2 於袋身進行貼布縫，並於花莖上進行刺繡。

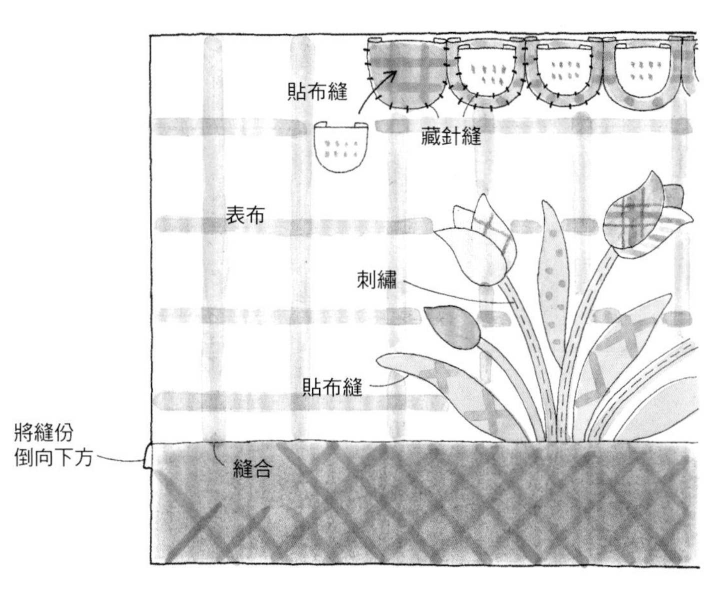
貼布縫
藏針縫
表布
刺繡
貼布縫
將縫份
倒向下方
縫合

3 袋身進行壓線後，縫合袋身側邊，並包捲縫份。

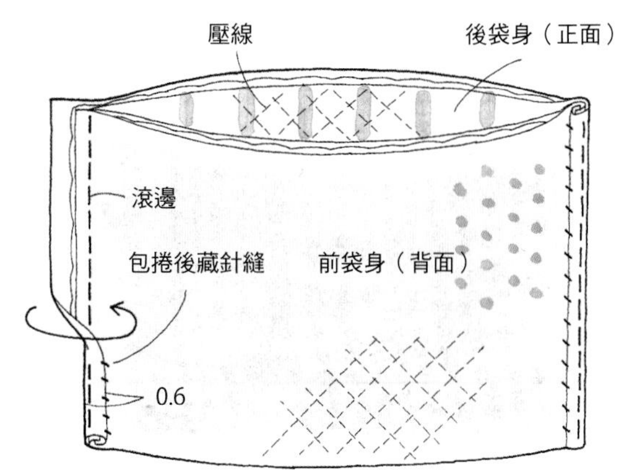
壓線
後袋身（正面）
滾邊
包捲後藏針縫
前袋身（背面）
0.6

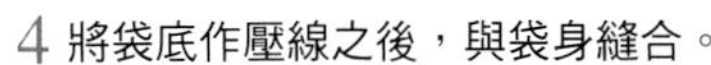
4 將袋底作壓線之後，與袋身縫合。

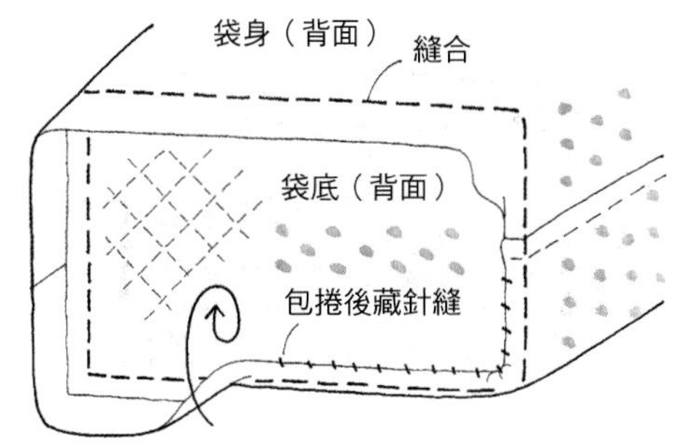
袋身（背面）
縫合
袋底（背面）
包捲後藏針縫

5 縫製內口袋，並翻至正面。
組裝拉鍊後，再接縫於袋身的內側。

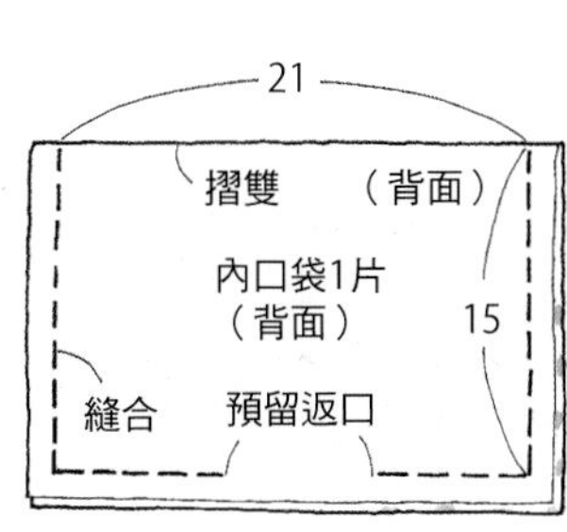
21
摺雙
（背面）
內口袋1片
（背面）
15
縫合
預留返口

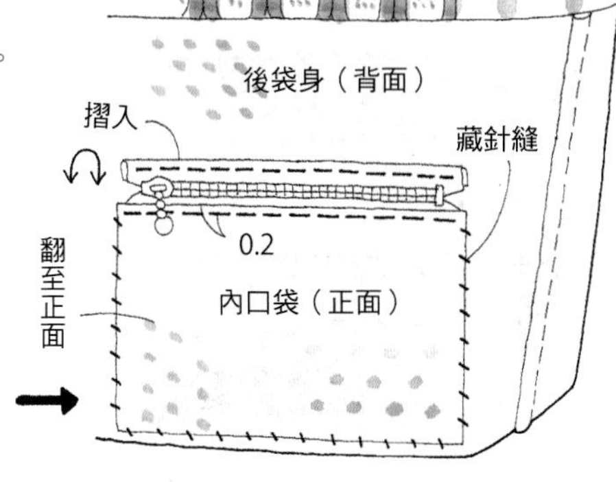
後袋身（背面）
摺入
藏針縫
0.2
翻至正面
內口袋（正面）

6 於袋口製作滾邊，縫製細繩後再組裝繩釦。

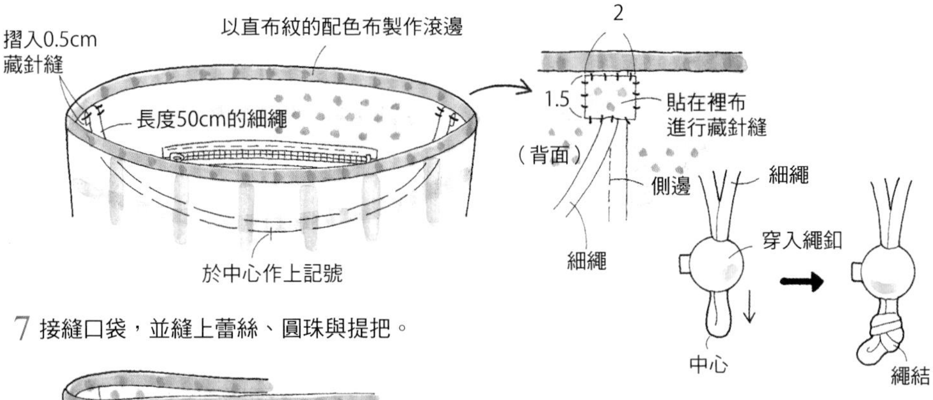

摺入0.5cm
藏針縫
以直布紋的配色布製作滾邊
長度50cm的細繩
於中心作上記號
2
1.5
貼在裡布
進行藏針縫
（背面）
側邊
細繩
細繩
穿入繩釦
中心
繩結

完成尺寸

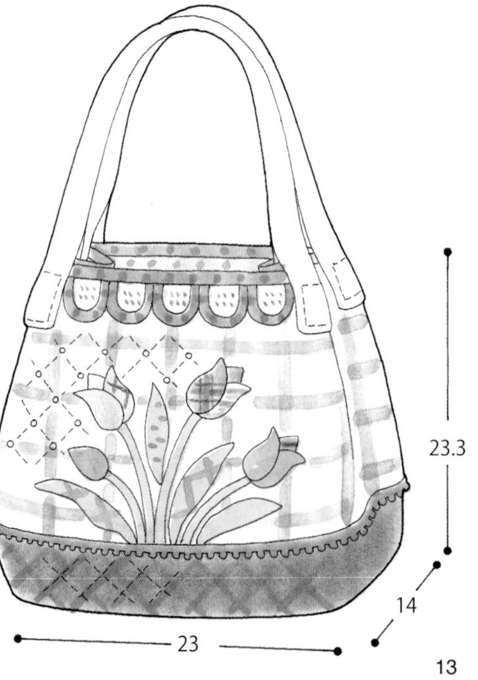

23.3
14
23

7 接縫口袋，並縫上蕾絲、圓珠與提把。

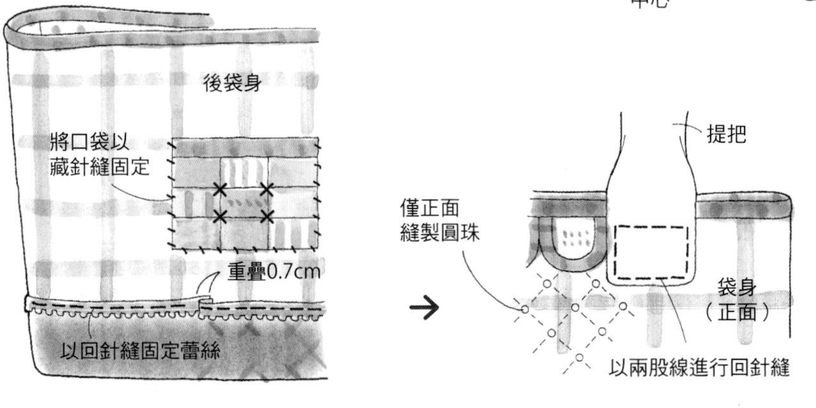

後袋身
將口袋以
藏針縫固定
重疊0.7cm
以回針縫固定蕾絲
僅正面
縫製圓珠
提把
袋身
（正面）
以兩股線進行回針縫

HOW TO MAKE
P.41
5

六角形摺花
手提兩用小肩包

如此令人沉迷的樣式，
簡直讓人連用餐的時間都不想浪費，
想一次拼縫完成的六角形摺花……
就在忙著拼縫各布片之際，
令人百看不厭的包包就此誕生了！
只要將其中六角形摺花的顏色更換二至三片，
隨即就能創造出專屬於你的色調喲！

附有拉鍊的口袋。

PROPERTY OF THE PULLMAN COMPANY

花朵便利小肩包

從隻身前往海外，到各地的拼布講座活動，
不知道是否有眼尖的讀者發現，
我隨身背著的就是這款小肩包呢？
即使塞滿了護照、智慧型手機、眼鏡……等重要物品，
忙碌工作中，仍能自然地緊貼身子，真的很好用。
而且，也很適合搭配任何款式的服裝，
是我最重要的好搭檔。

HOW TO MAKE P.20

6★

花籃・花／AWABEES

後背包

每年，總是會有許多的顧客來拜託我
「請您製作後背包吧！」
讓各位久等了！
這世界上唯一的後背包已經完成了！

HOW TO MAKE
P.18

7

袋口為便利的雙開型拉鍊。
口袋處也加上了令人安心的拉鍊。

後背包的肩帶，只要組裝市售的材料即可，
製作起來非常簡單。

水壺／AWABEES

金屬飾釦手提包

很久之前委請廠商製作的原創金屬釦飾，
終於完成了！
其實早已打算縫製一個以金屬釦飾為重點的亮眼包包。
物品較多的時候，即可迅速解開金屬釦飾，瞬間變身為托特包。
是一款可依實際狀況使用的貼心設計。
「A」的文字可依您姓名的英文字母作改變喔！

解開釦飾，立馬成為基本款式的托特包。

前側
後側
8
HOW TO MAKE
P.21
THE NEW FA

P.16 ⑦ 後背包

裁布圖

前袋身1片（配色布・鋪棉・裡布）

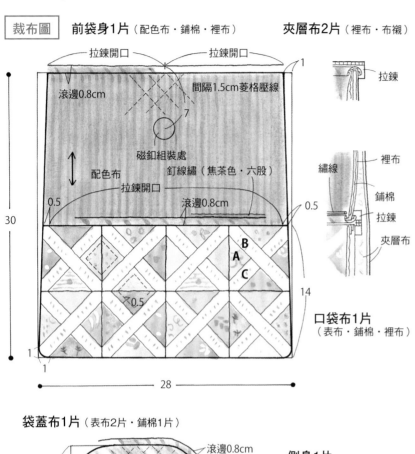

拉鍊開口　拉鍊開口　1
滾邊0.8cm　間隔1.5cm菱格壓線
7
磁釦組裝處
配色布　釘線繡（焦茶色・六股）
拉鍊開口
0.5　滾邊0.8cm　0.5
30
B
A
C
0.5　14
1
1
28

夾層布2片（裡布・布襯）

拉鍊
裡布
繡線　鋪棉
拉鍊
夾層布

口袋布1片（表布・鋪棉・裡布）

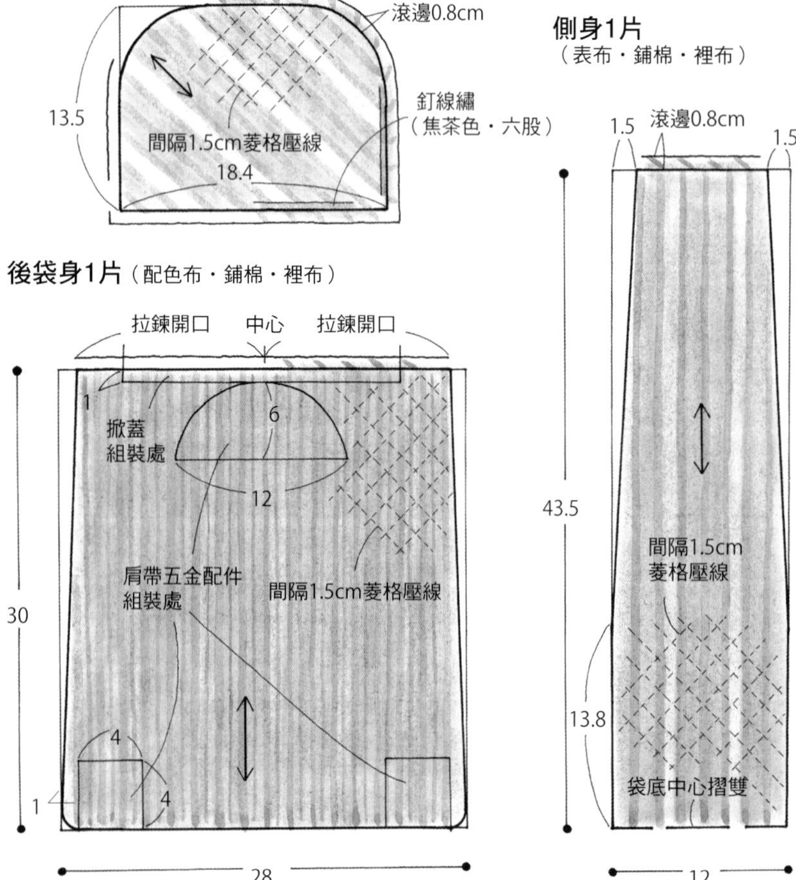

袋蓋布1片（表布2片・鋪棉1片）
滾邊0.8cm
13.5
間隔1.5cm菱格壓線
18.4
釘線繡
（焦茶色・六股）
側身1片
（表布・鋪棉・裡布）
1.5
滾邊0.8cm
1.5
後袋身1片（配色布・鋪棉・裡布）
拉鍊開口
中心
拉鍊開口
1
6
掀蓋
組裝處
12
30
肩帶五金配件
組裝處
間隔1.5cm菱格壓線
43.5
間隔1.5cm
菱格壓線
13.8
4
1
4
袋底中心摺雙
28
12

材料

拼布用布
（各種印花布／A 32片）35×35cm
（英文字印花布／B 8片、C 16片）
30×20cm
表布（粗條紋布）60×95cm
配色布（條紋布）65×35cm
鋪棉　100×50cm
裡布（印花布）100×65cm
布襯（薄）30×35cm
25號繡線（焦茶色）
拉鍊20cm（袋口用）2條
　25cm（口袋用）1條
直徑3cm的包釦　4顆
直徑2cm的磁釦　1組
市售肩帶

※原寸紙型請見P.85。

作法

1 拼縫布片，縫製表布。

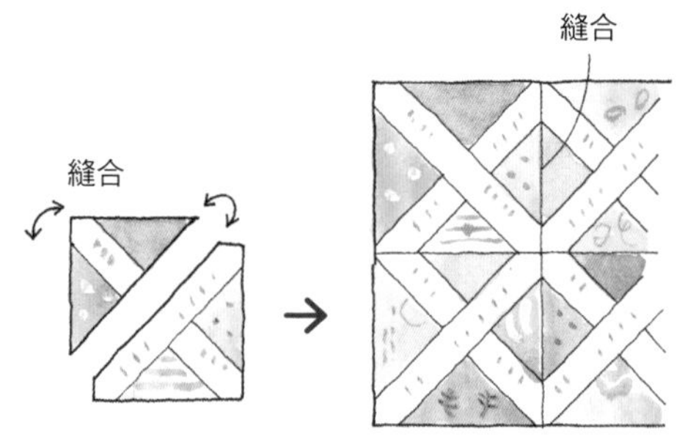

縫合
縫合

2 將鋪棉與裡布疊放之後，縫合上方，並翻至正面，進行壓線。

鋪棉
縫合
表布（正面）
裡布（背面）

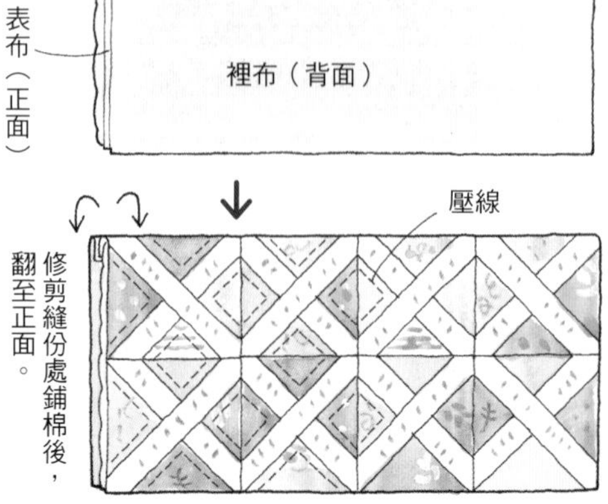

壓線
修剪縫份處鋪棉後，翻至正面。

3 前袋身進行壓線，並製作滾邊，再於袋身、口袋接縫拉鍊。

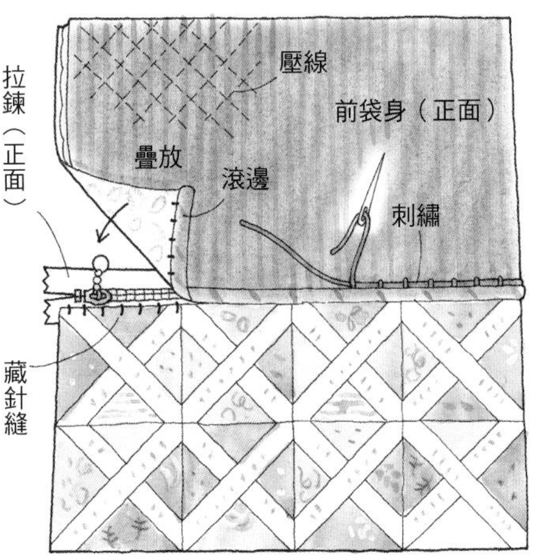
拉鍊（正面）
壓線
前袋身（正面）
疊放
滾邊
刺繡
藏針縫

4 疊放上夾層布，進行壓線。

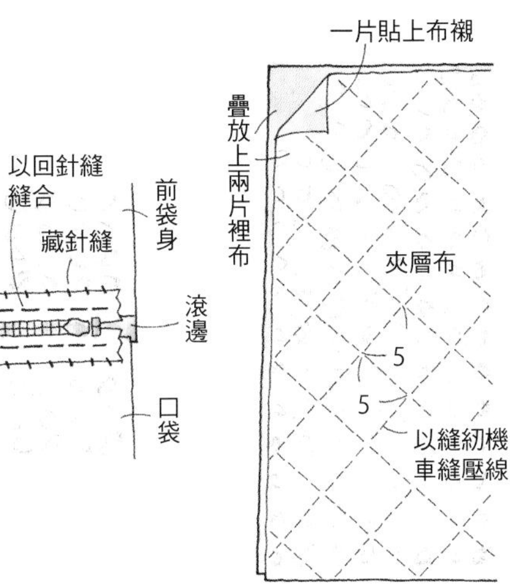
以回針縫縫合
前袋身
藏針縫
滾邊
口袋
一片貼上布襯
疊放上兩片裡布
夾層布
5
5
以縫紉機車縫壓線

5 將前袋身與夾層布疊放之後，縫合周圍。

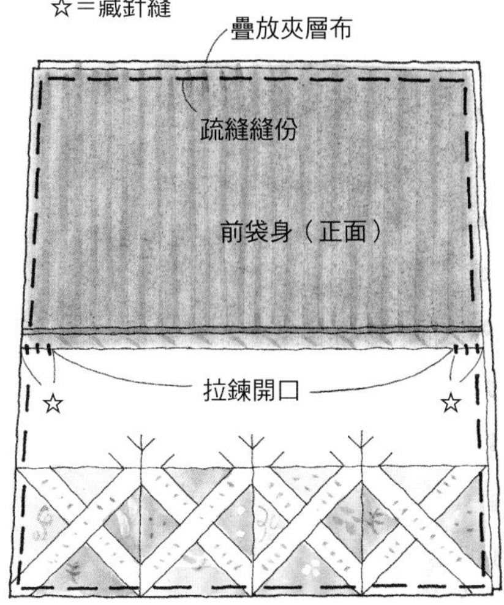
☆＝藏針縫
疊放夾層布
疏縫縫份
前袋身（正面）
拉鍊開口
☆
☆

6 於後袋身、側身進行壓線，再組裝袋身與側身。

7 於袋口處製作滾邊，再組裝拉鍊。

8 袋蓋壓線後，再於周圍製作滾邊。

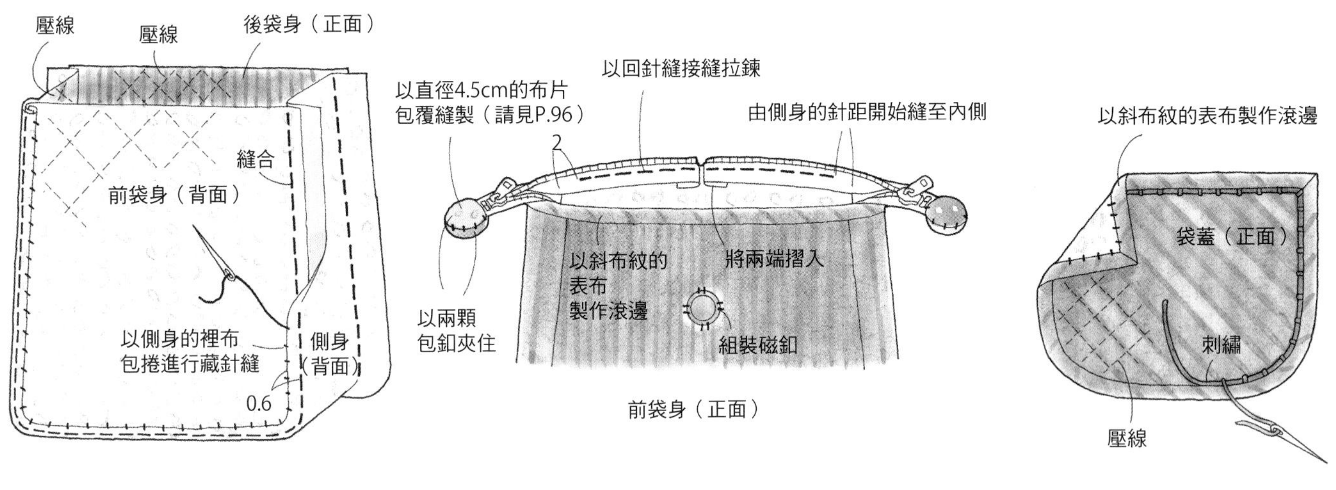
壓線
壓線
後袋身（正面）
縫合
前袋身（背面）
以側身的裡布包捲進行藏針縫
側身（背面）
0.6
以回針縫接縫拉鍊
以直徑4.5cm的布片包覆縫製（請見P.96）
2
由側身的針距開始縫至內側
以斜布紋的表布製作滾邊
將兩端摺入
以兩顆包釦夾住
組裝磁釦
前袋身（正面）
以斜布紋的表布製作滾邊
袋蓋（正面）
刺繡
壓線

9 於袋身上組裝袋蓋與肩帶，包夾側邊進行縫合。

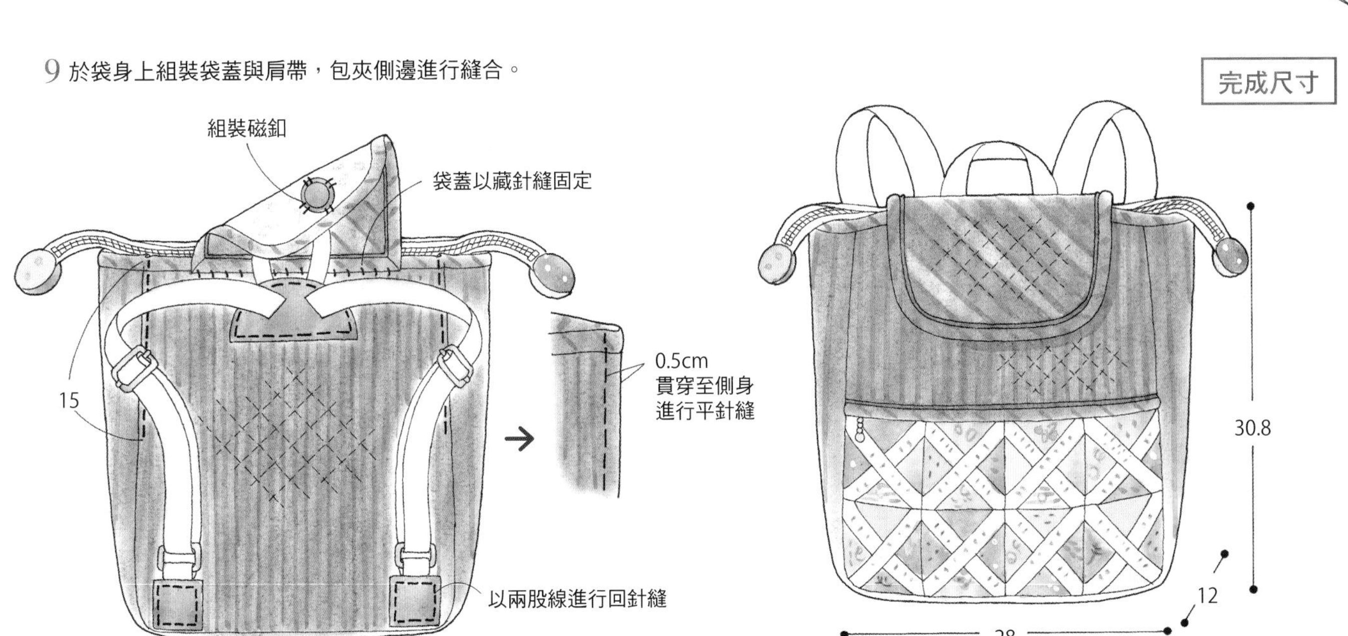
組裝磁釦
袋蓋以藏針縫固定
15
0.5cm貫穿至側身進行平針縫
以兩股線進行回針縫
完成尺寸
30.8
12
28

P.15 ⑥ 花朵便利小肩包

材料
貼布縫用布　適量
表布（黃綠色）30×30cm
配色布（粉杏色）30×15cm
底布（茶色）25×10cm
鋪棉　30×35cm
裡布（印花布）40×35cm
長度20cm的拉鍊　1條
直徑1.8cm的包釦　2顆
25號繡線（綠色）
手縫蠟線（白色）
內徑1.2cm的D型環　2個
市售肩背帶

※原寸紙型請見P.73。

袋身1片（表布・鋪棉・裡布）

裁布圖

拉鍊開口
間隔1.5cm菱格壓線
吊耳布組裝處
滾邊0.8cm
1
1
2.5
2.5
0.5
吊耳布組裝處
表布
配色布
2
中心
2.5
落針壓線
袋底布
袋底中心
5
2.5
30
表布
12.5
26

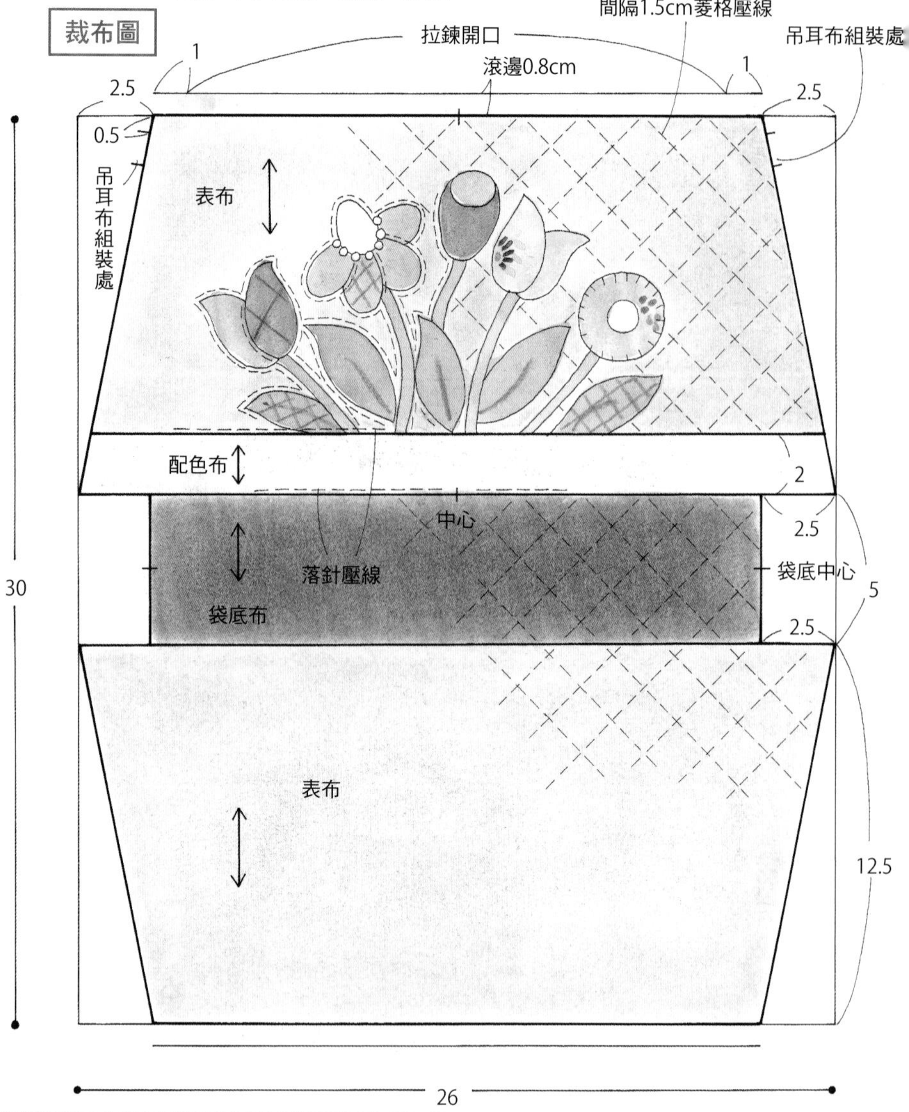

作法

1 於表布上製作貼布縫，再與配色布、底布縫合，完成表布製作。

2 將表布、鋪棉與裡布疊放後，進行壓線。

3 縫製吊耳布。

吊耳布 2片（表布）

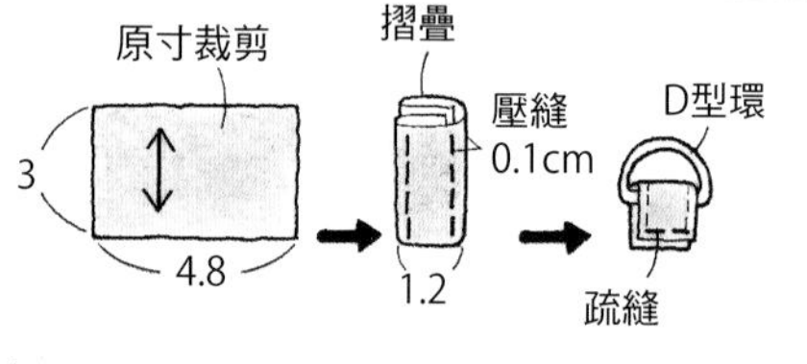

原寸裁剪
摺疊
壓縫
0.1cm
D型環
3
4.8
1.2
疏縫

4 縫合側邊，包捲縫份。
將側身縫合，並以多餘裡布包捲縫份固定。

5 於袋口處製作滾邊，
接縫拉鍊，
完成後再縫製拉鍊裝飾
（請見P.96）。

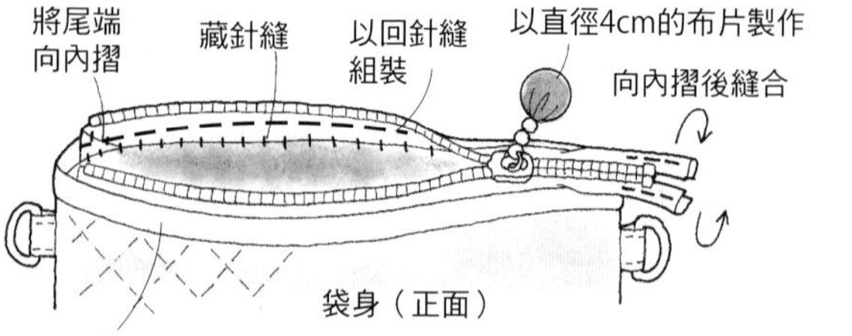

將尾端向內摺
藏針縫
以回針縫組裝
以直徑4cm的布片製作
向內摺後縫合
袋身（正面）
以直布紋的配色布製作滾邊

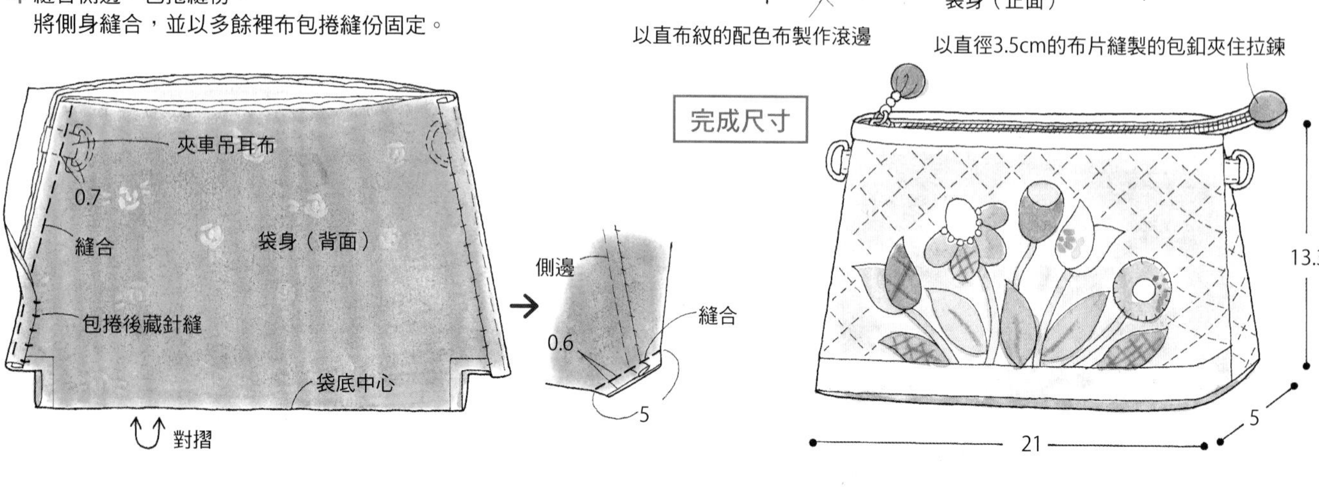

以直徑3.5cm的布片縫製的包釦夾住拉鍊
夾車吊耳布
0.7
縫合
袋身（背面）
包捲後藏針縫
袋底中心
對摺
側邊
縫合
0.6
5
完成尺寸
13.3
21
5

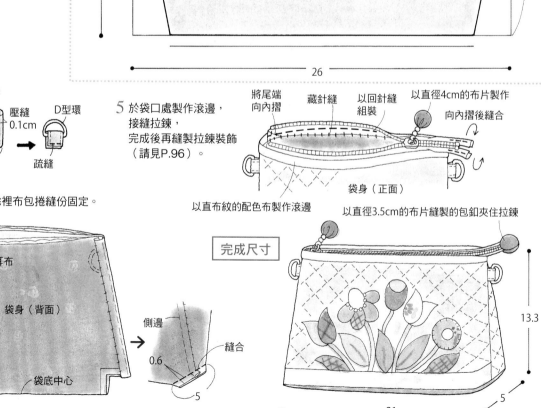

P.17 ⑧ 金屬飾釦手提包

材料

拼布用布
（各種印花布／A 54片）共55×55cm
（英文字印花布／B 12片、C 40片）50×20cm
表布（淺駝色）110×55cm
鋪棉　100×55cm
裡布（印花布）110×55cm
手縫蠟線（白色）
長度50cm的提把　1組
D型環五金、問號鉤　各1個

裁布圖

※原寸紙型請見P.88。

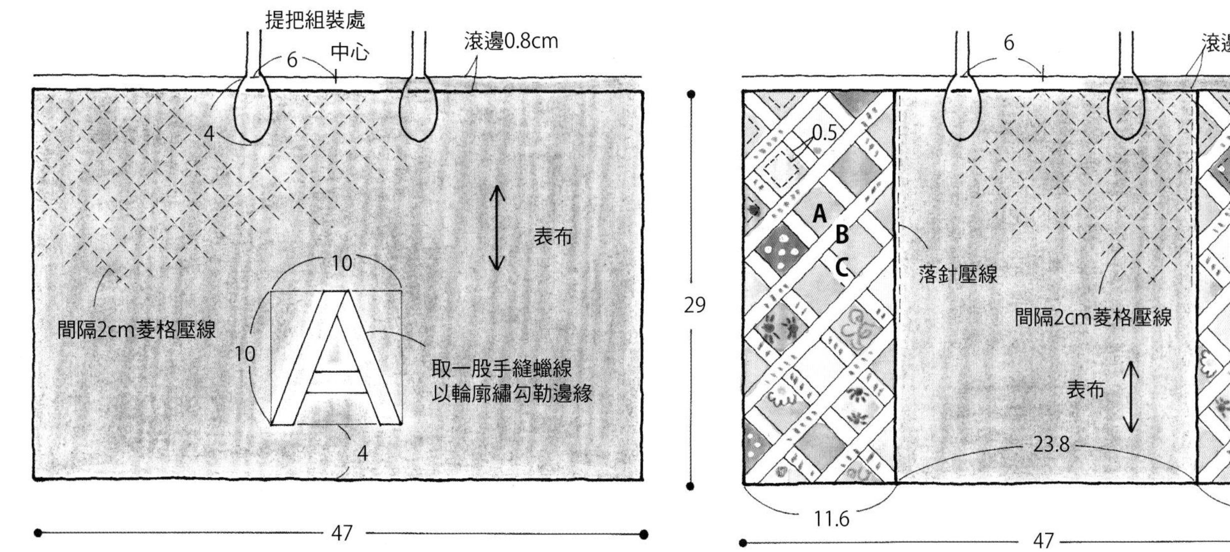

前袋身1片（表布・鋪棉・裡布）
提把組裝處
6
中心
滾邊0.8cm
4
表布
10
29
間隔2cm菱格壓線
10
取一股手縫蠟線
以輪廓繡勾勒邊線
4
47
前袋身1片（表布・鋪棉・裡布）
6
滾邊0.8cm
0.5
A
B
C
落針壓線
間隔2cm菱格壓線
29
表布
23.8
11.6
11.6
47

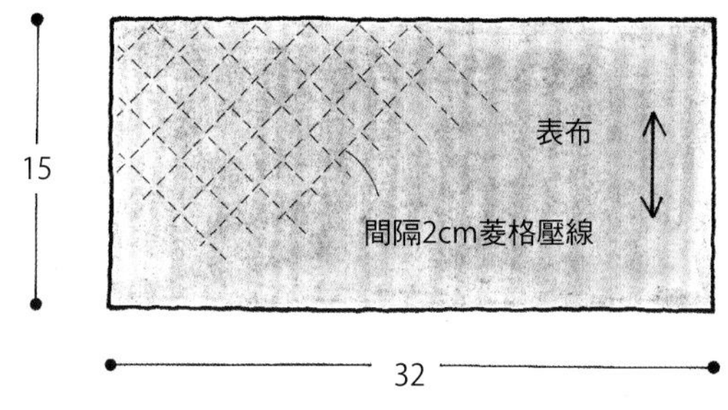

袋底布1片（表布・鋪棉・裡布）
表布
15
間隔2cm菱格壓線
32

2 於袋口製作滾邊，斜縫固定五金配件，再組裝提把。

作法

1 縫上圓珠後，製作後袋身的表布與前袋身的貼布縫，再將鋪棉與裡布疊放後，分別進行壓線。縫合側邊，並與袋底布一起組裝。

3 進行刺繡。

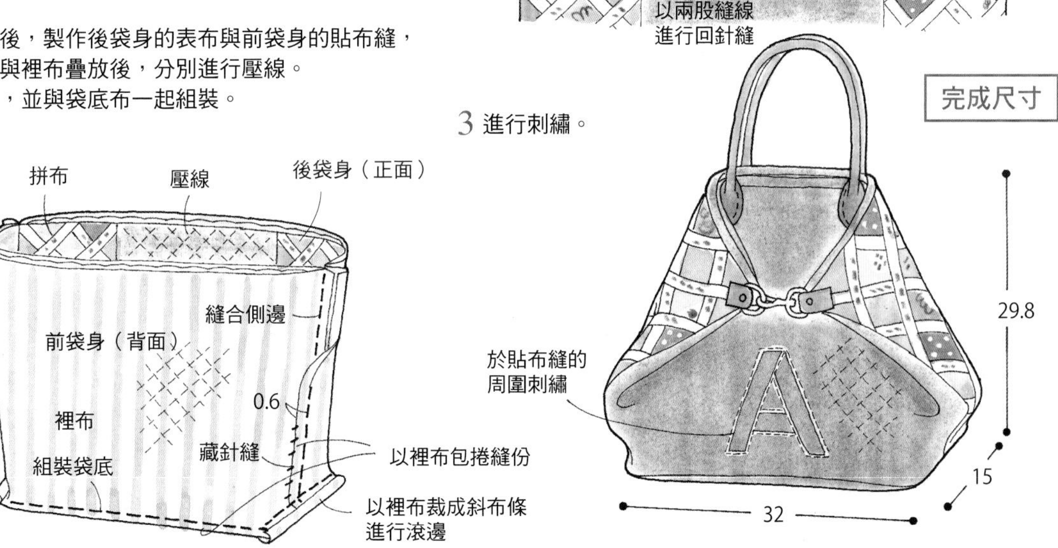

提把
以表布裁成斜布條進行滾邊
問號鉤
D型環
1.5
以兩股縫線
進行回針縫
完成尺寸
拼布
壓線
後袋身（正面）
縫合側邊
前袋身（背面）
0.6
裡布
藏針縫
以裡布包捲縫份
組裝袋底
以裡布裁成斜布條
進行滾邊
於貼布縫的
周圍刺繡
29.8
15
32

附外袋設計の手提包＆同系列萬用包

唯有這兩件作品，我特別為他們取了綽號，
就叫作「奇蹟的邂逅」。
纖細的藍色系花樣，與大片的藍色系漸層布。
再加上柔和的粉紅色先染布，
調和成極為完美的協奏曲。
我一直想要以這種組合的布料，
創作出更多的作品呢！

HOW TO MAKE
P.24
9
10
HOW TO MAKE
P.25

萬用包是採用與手提包的口袋部分相同的設計。

底部為窄長版的橢圓形。
空間雖小，但收納能力卻不容小覷喔！

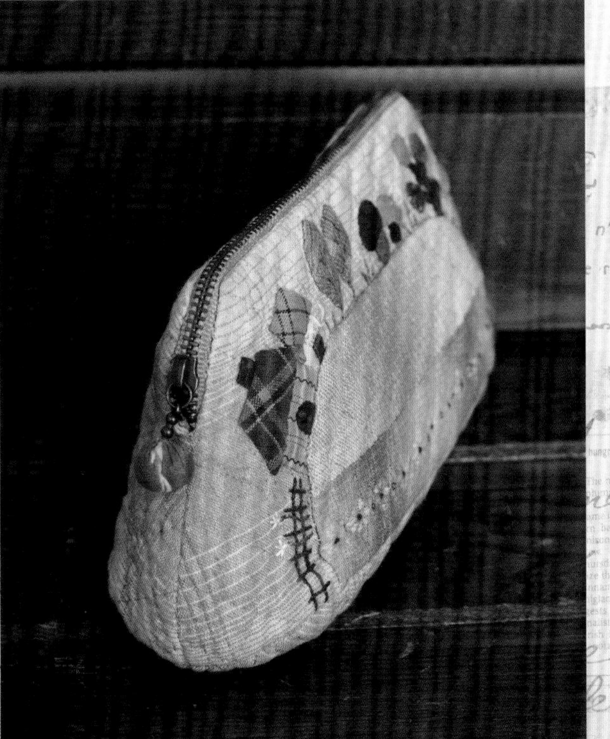

此款手提包的外袋，
就僅以一條拉鍊簡單地固定上去。
請一定要挑戰看看喔！

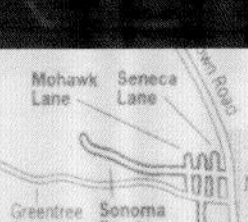

P.22 ⑨ 附外袋設計の手提包

材料
貼布縫用布 適量
表布（水藍色）40×80cm
a布（水藍色）16×6cm
b布（花紋布）50×25cm
c布（粉紅色）25×15cm
鋪棉　40×85cm
裡布（印花布）40×85cm
長度26cm的拉鍊　1條
長度48cm的提把　1組
25號繡線（白色、綠色、茶色）

※原寸紙型請見P.88。

裁布圖　**袋身1片**（表布・鋪棉・裡布）

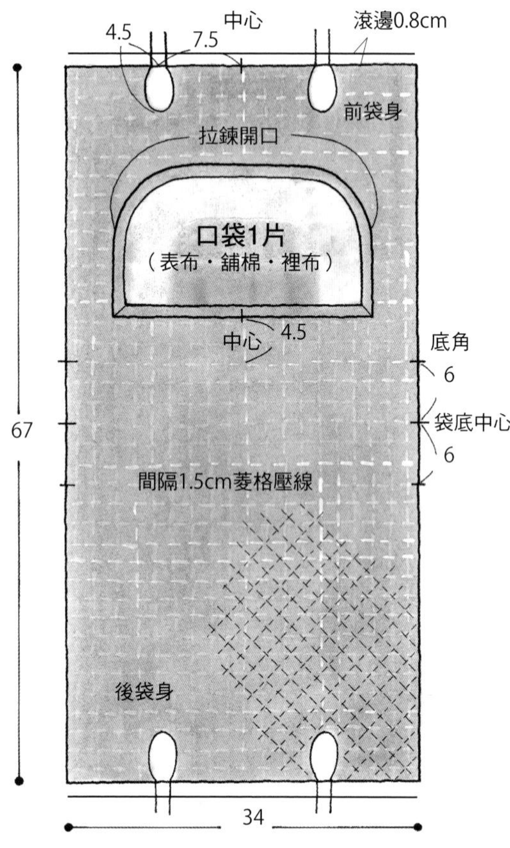
4.5
7.5
中心
滾邊0.8cm
前袋身
拉鍊開口
口袋1片
（表布・鋪棉・裡布）
中心
4.5
底角
6
袋底中心
6
67
間隔1.5cm菱格壓線
後袋身
34

5 將拉鍊組裝於袋身上。

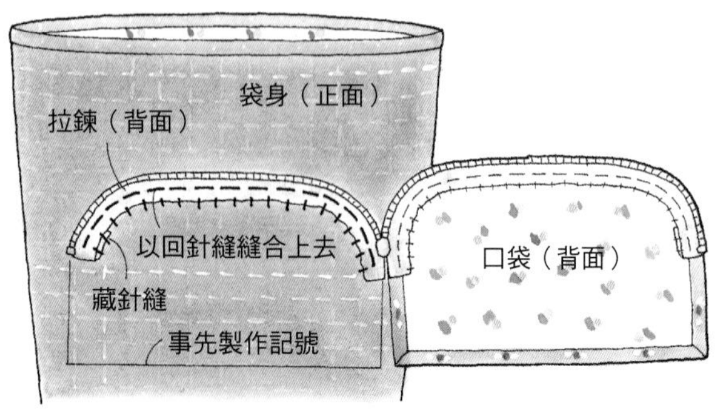
袋身（正面）
拉鍊（背面）
以回針縫縫合上去
口袋（背面）
藏針縫
事先製作記號

作法

1 將表布、鋪棉與裡布疊放之後，進行壓線。再將袋底對摺，並車縫底角。

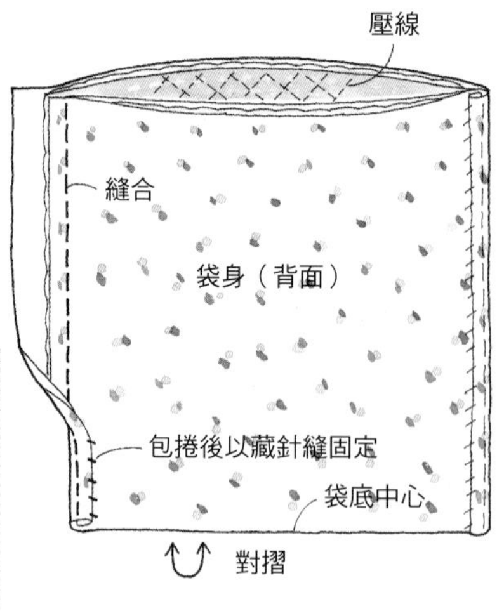
壓線
縫合
袋身（背面）
包捲後以藏針縫固定
袋底中心
對摺

2 車縫底角，並製作袋口滾邊。

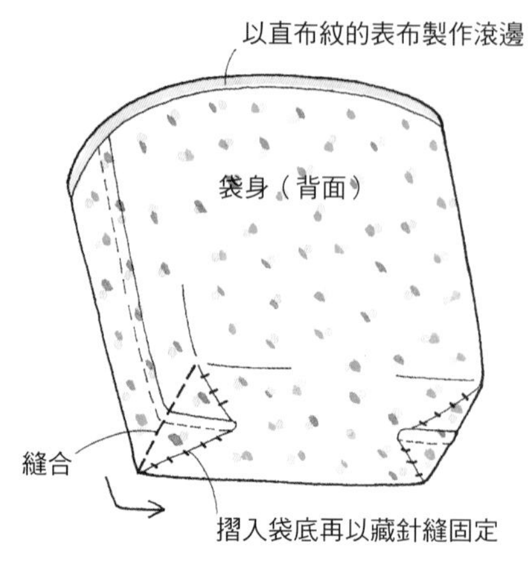
以直布紋的表布製作滾邊
袋身（背面）
縫合
摺入袋底再以藏針縫固定

3 於口袋處製作貼布縫，並進行壓線。

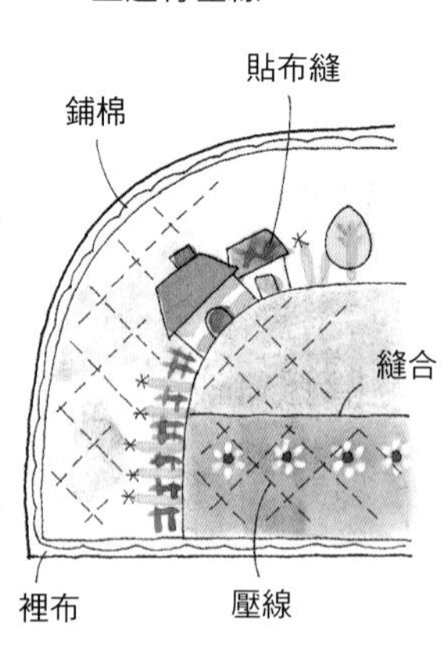
貼布縫
鋪棉
縫合
裡布
壓線

4 製作滾邊，並組裝拉鍊。

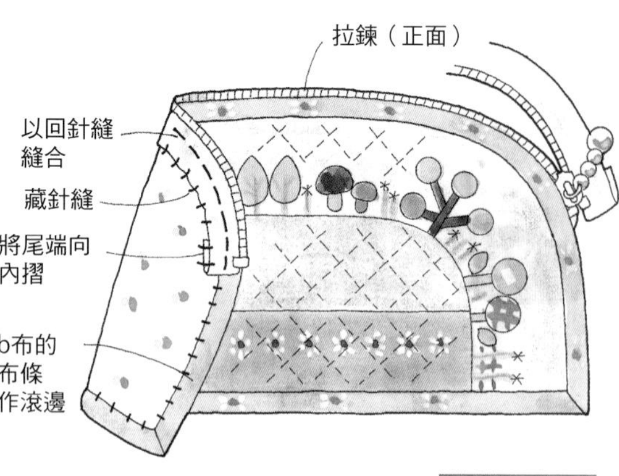
拉鍊（正面）
以回針縫
縫合
藏針縫
將尾端向
內摺
以b布的
斜布條
製作滾邊

6 將口袋接縫於袋身上，並組裝提把。

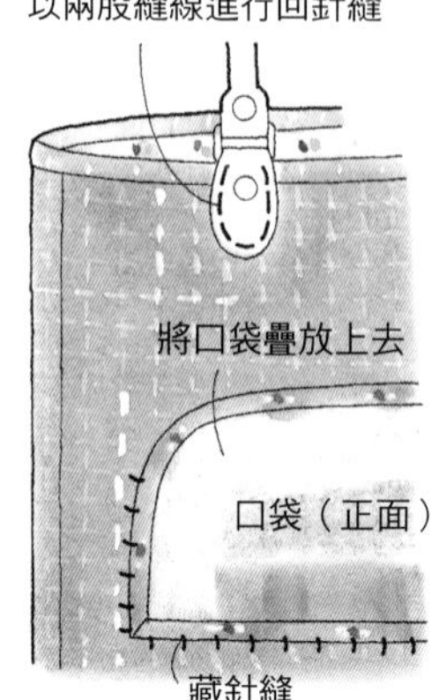
以兩股縫線進行回針縫
將口袋疊放上去
口袋（正面）
藏針縫

完成尺寸

34
28.3
12

P.22 ⑩ 萬用包

材料
貼布縫用布　適量
表布（粉紅色）55×25cm
a布（水藍色）18×5cm
b布（花紋布）18×5cm
鋪棉　55×25cm
裡布（印花布）55×25cm
長度24cm的拉鍊　1條
25號繡線（白色、綠色、茶色）

※原寸紙型請見P.88。

作法

1 製作貼布縫，並縫合a布與b布。

2 由內側裁剪表布。

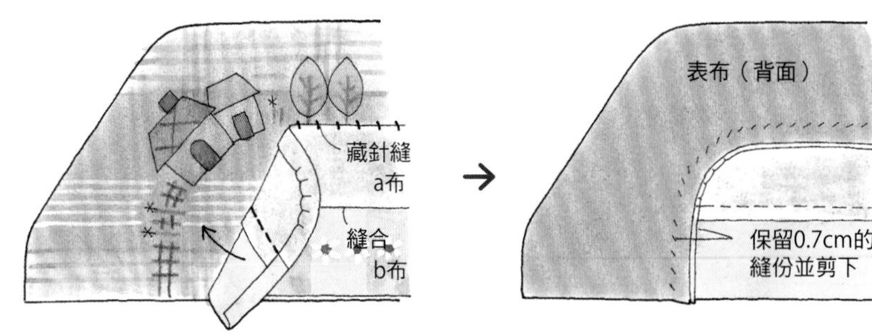
藏針縫
a布
縫合
b布
表布（背面）
保留0.7cm的
縫份並剪下

3 將表布、鋪棉與裡布疊放之後，
縫合周圍。

縫合
裡布（正面）
表布（背面）
鋪棉
預留返口
修剪縫份處的鋪棉

4 翻至正面，進行壓線，
完成後組裝拉鍊。

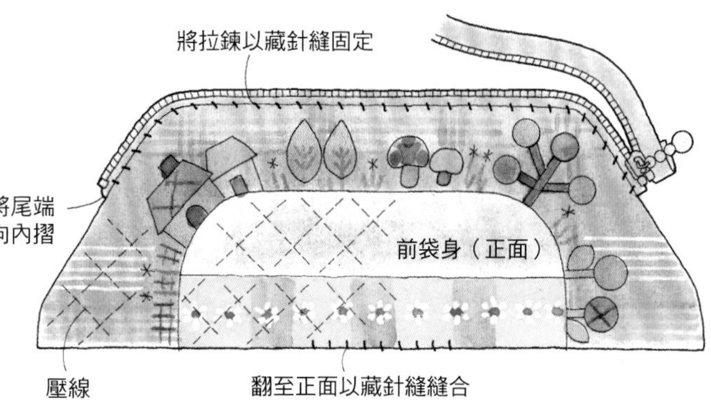
將拉鍊以藏針縫固定
將尾端
向內摺
前袋身（正面）
壓線
翻至正面以藏針縫縫合

5 將後袋身的周圍縫合後，翻至正面，
進行壓線，再以藏針縫固定拉鍊。

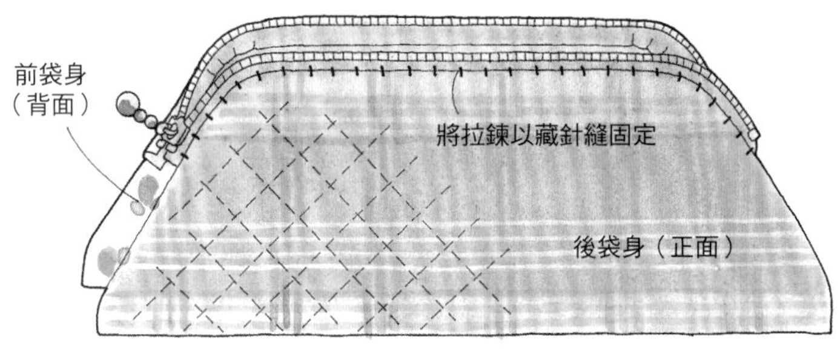
前袋身
（背面）
將拉鍊以藏針縫固定
後袋身（正面）

6 縫合袋底周圍，翻至正面，進行壓線。

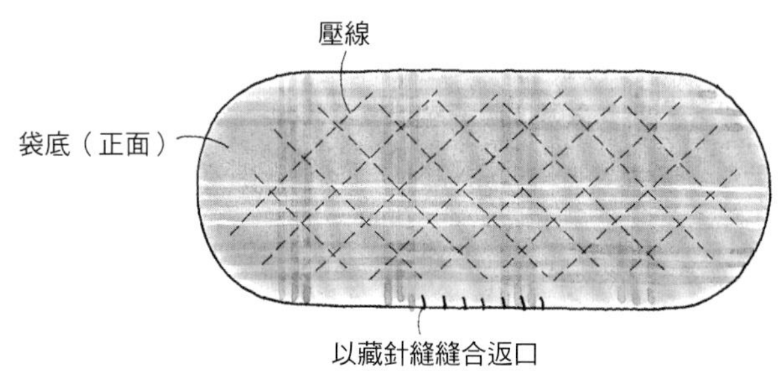
壓線
袋底（正面）
以藏針縫縫合返口

7 縫合側身，並組裝袋底。

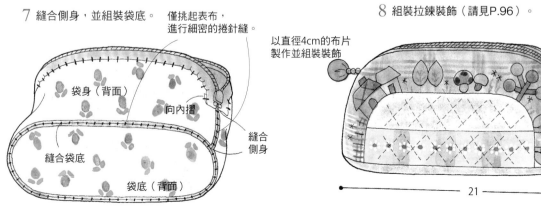

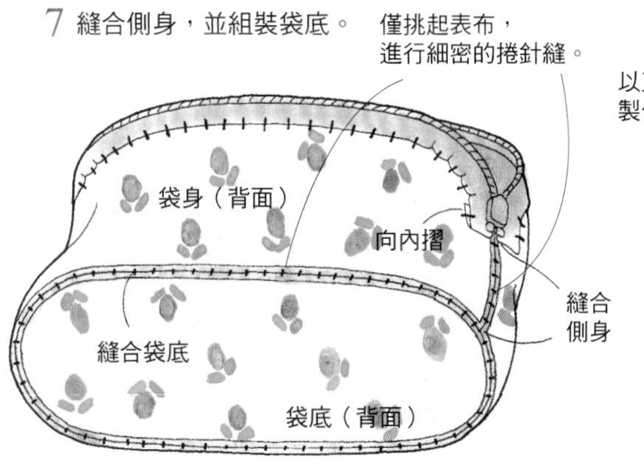
僅挑起表布，
進行細密的捲針縫。
袋身（背面）
向內摺
縫合
側身
縫合袋底
袋底（背面）

8 組裝拉鍊裝飾（請見P.96）。

完成尺寸

以直徑4cm的布片
製作並組裝裝飾

9.2
8.5
21

貝殼形肩背包

對這片底布一見鍾情，因而縫製了肩背包。
儘管質感粗糙不細緻，但定神細看，
這竟是由各種不同顏色的織線所編織而成的布料。
由於完全被這片布給迷住了，
不知不覺中進了太多的貨。
我想發揮這片布料的最大魅力，
因此創作了這款可完美呈現的貝殼形肩背包。

HOW TO MAKE
P.28

11

側身相當結實，讓收納力更為提升。

愛爾蘭鎖鍊拼布圖案包

這原本是我在學校
教授愛爾蘭鎖鍊拼布圖案的全系列課程時，
所創作的包款。
也有人稱之為風車拼接法，
雖是自古以來就有的拼布法，
一旦學會，便能應用於各類布作，
因此創作的範疇也會大幅度的提升。

HOW TO MAKE
P.29

12

P.26 ⑪ 貝殼形肩背包

材料
拼布、拉鍊裝飾用布
（先染布／A 10片）共30×16cm
表布（淺茶色）110×60cm
配色布（焦茶色／B 16片、C 8片）75×20cm
鋪棉　50×70cm
裡布（印花布）50×70cm
長度24cm的拉鍊　2條
25號繡線（焦茶色）
長度55cm的提把　1組

※原寸紙型請見P.84、P.85。

作法

1 縫上圓珠，並與袋底、後袋身縫合之後，完成表布製作。將鋪棉與裡布疊放後，再進行壓線。

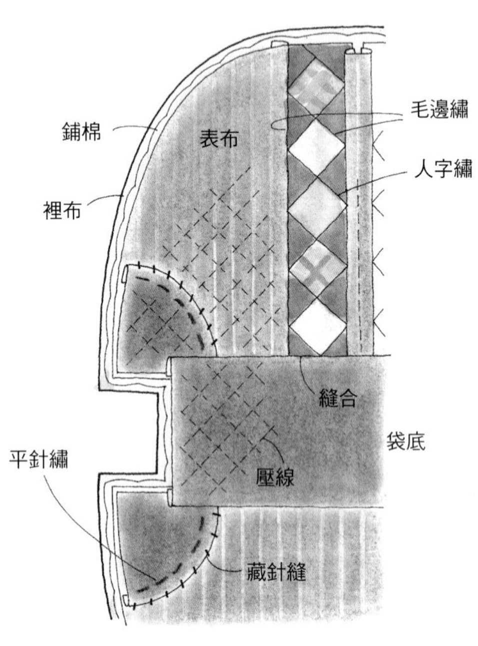

鋪棉
表布
毛邊繡
人字繡
裡布
縫合
袋底
平針繡
壓線
藏針縫

裁布圖

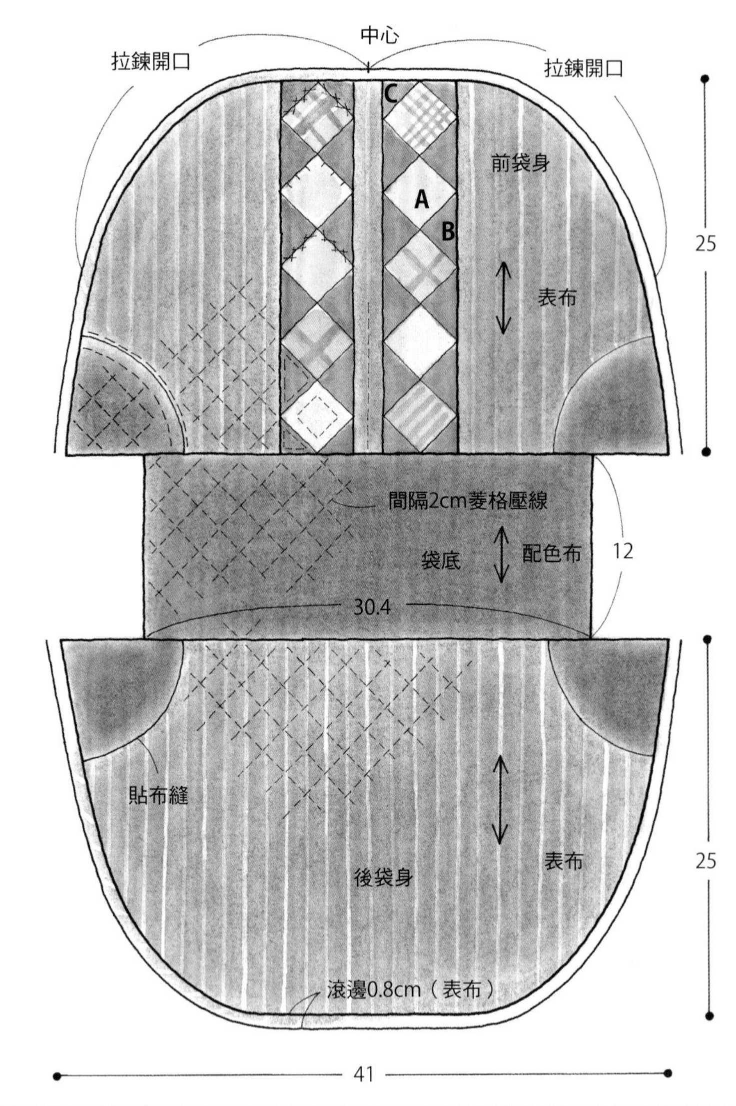

袋身1片（表布・鋪棉・裡布）
中心
拉鍊開口
拉鍊開口
C
前袋身
A
B
25
表布
間隔2cm菱格壓線
袋底
配色布
12
30.4
貼布縫
表布
後袋身
25
滾邊0.8cm（表布）
41

2 周圍進行壓線後，由中心處接縫上兩條拉鍊。縫合側身與底角，並包捲縫份製作滾邊。

3 組裝提把，並縫製拉鍊裝飾（請見P.96）。

完成尺寸

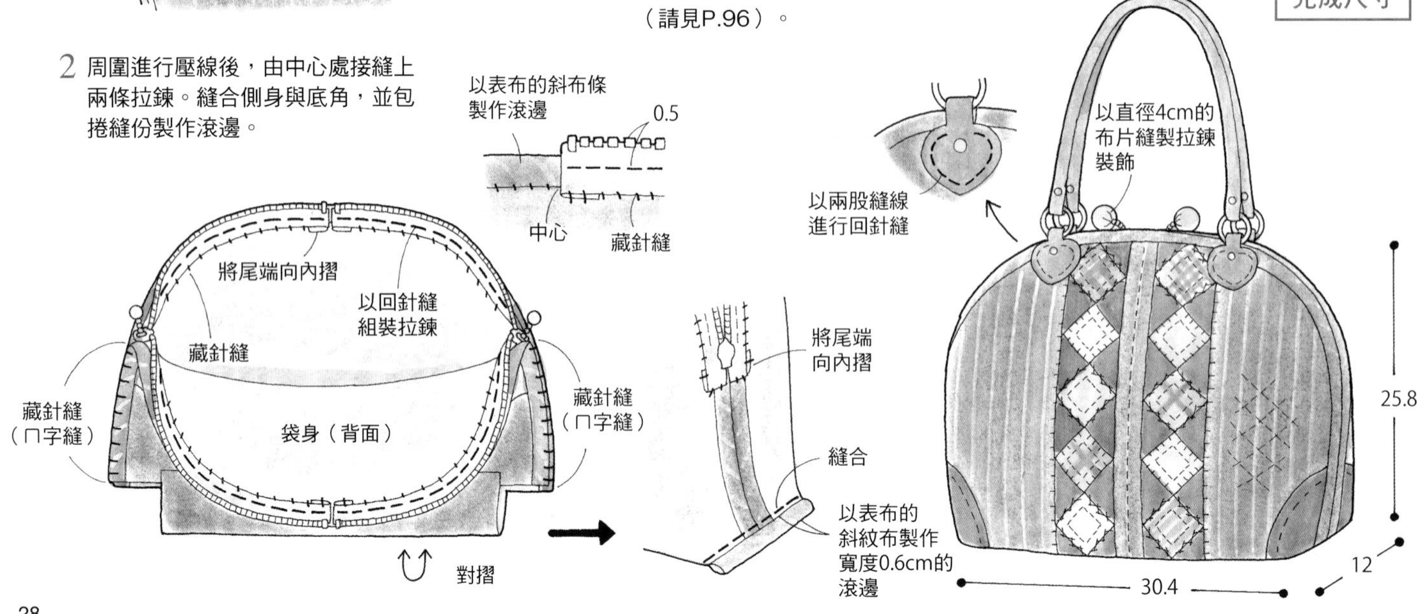

以表布的斜布條製作滾邊
0.5
中心
藏針縫
將尾端向內摺
以回針縫組裝拉鍊
藏針縫
藏針縫（ㄇ字縫）
袋身（背面）
藏針縫（ㄇ字縫）
對摺
將尾端向內摺
縫合
以表布的斜紋布製作寬度0.6cm的滾邊
以直徑4cm的布片縫製拉鍊裝飾
以兩股縫線進行回針縫
25.8
30.4
12

P.27 ⑫ 愛爾蘭鎖鍊拼布圖案包

※原寸紙型請見P.84。

材料

拼布用布（淺駝色／C 36片）55×20cm
（印花布／C 68片、E 4片）共110×15cm
表布（粉紅色／A 4片、B 24片、C 16片、D 4片、F 4片）110×30cm
鋪棉　80×55cm
裡布（印花布）80×55cm
長度43cm的提把　1組
直徑3cm的包釦　1顆

作法

1 縫上圓珠後，製作一組表布。
將鋪棉與裡布疊放之後，進行壓線。
共須完成四組表布。

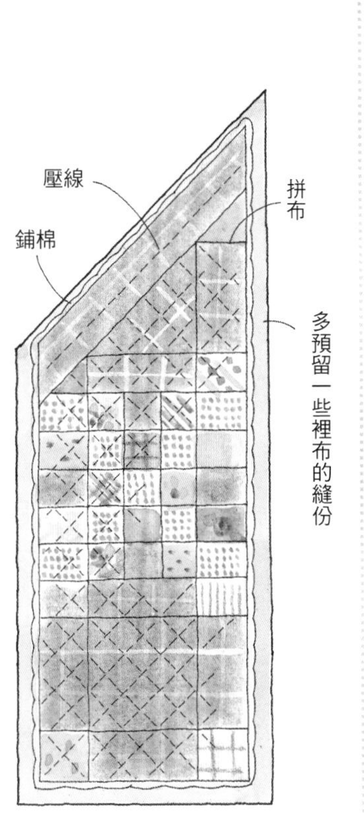
壓線
拼布
鋪棉
多預留一些裡布的縫份

裁布圖

袋身4片
（表布・鋪棉・裡布）

a b c d
A B C D E F
15 15 15 15

貼邊1片
（表布）
3
84

2 將袋身對齊之後，斜片縫合，
完成袋型。

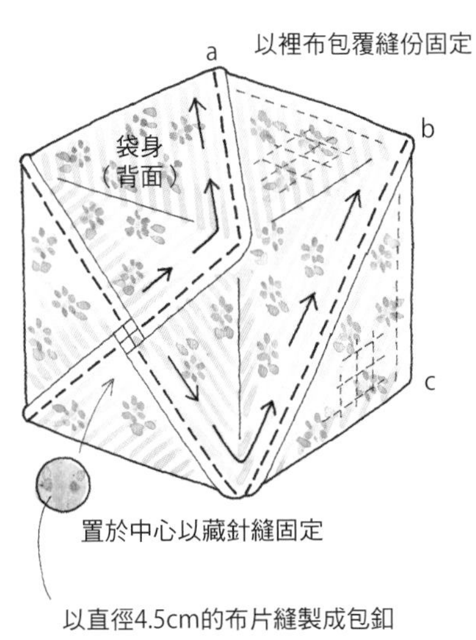
a
以裡布包覆縫份固定
b
袋身
（背面）
c
置於中心以藏針縫固定
以直徑4.5cm的布片縫製成包釦

3 縫合貼邊的兩側，並與袋口處縫合後，
於袋身進行藏針縫，最後再組裝提把。

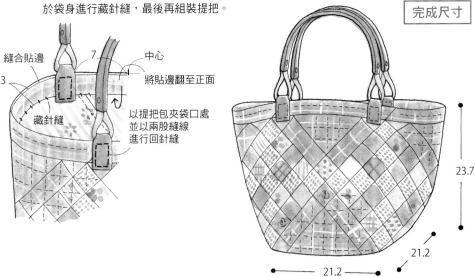

縫合貼邊
7
中心
將貼邊翻至正面
3
藏針縫
以提把包夾袋口處
並以兩股縫線
進行回針縫

完成尺寸

23.7
21.2
21.2

摩登時尚可愛包

這是一款深具不可思議魅力的包包。
以日本的先染布，
搭配上美國的MODA布料，
水乳交融而成的完美結合。
它兼具時尚與可愛感，
確實是世界上獨一無二的包包呢！
提把是特別訂製的原創造型之物。

LA BOUTIQUE DE FLEURS
Madeleine
9 RUE D'AL ESIA PARIS

HOW TO MAKE
P.32

13

後袋身。

雙婚戒拼布圖案托特包

這款包包，取名為「紅色的力量」。
一位與我同年的客人曾說過：
「這提把的紅真是上上之選呢！」
這真是一句令我開心的話。
當我看到底布、提把與印花布的瞬間，
「來作一款提把的紅成為時髦的焦點，
只要拿著它，彷彿任何事都能改變似的
成熟風包包吧！」
這就是如此靈光乍現，而創作出來的包款。

HOW TO MAKE P.33

14

P.30 ⑬ 摩登時尚可愛包

材料
貼布縫用布 適量
表布（灰色）100×45cm
鋪棉 100×45cm
裡布（印花布）100×40cm
25號繡線（綠色、白色、紅色）
長度41cm的提把 1組

※原寸紙型請見P.89。

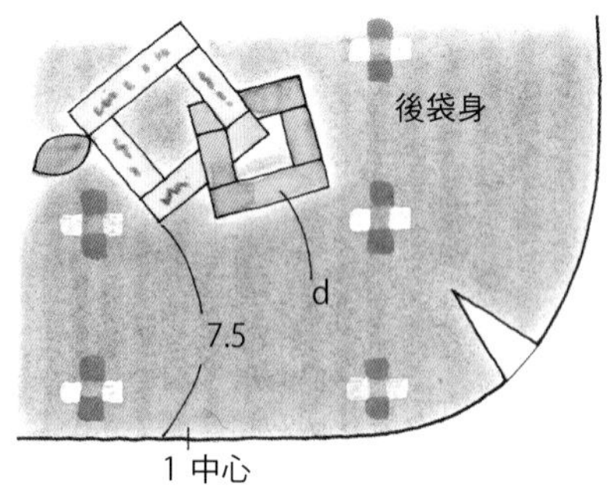

後袋身
d
7.5
1 中心

裁布圖

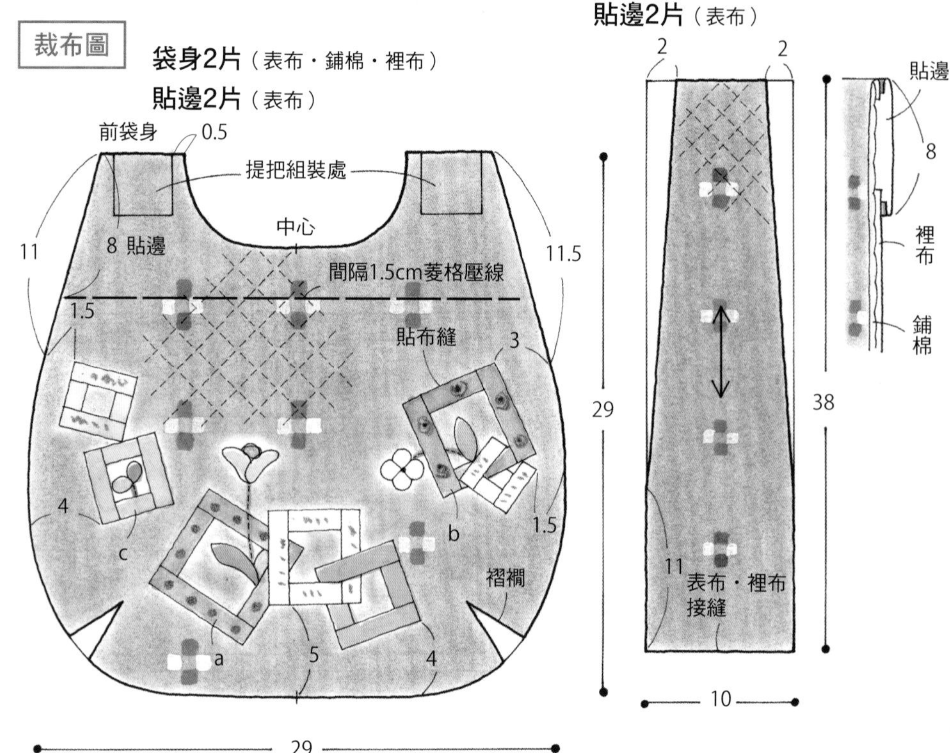

袋身2片（表布・鋪棉・裡布）
貼邊2片（表布）
前袋身
0.5
提把組裝處
中心
11
8 貼邊
11.5
間隔1.5cm菱格壓線
1.5
貼布縫
3
29
4
c
b
1.5
a
5
4
褶襉
29
側身1片（表布・鋪棉・裡布）
貼邊2片（表布）
2
2
貼邊
8
裡布
鋪棉
38
11
表布・裡布接縫
10

作法

1 照號碼依序於表布上製作貼布縫，並完成表布縫製。

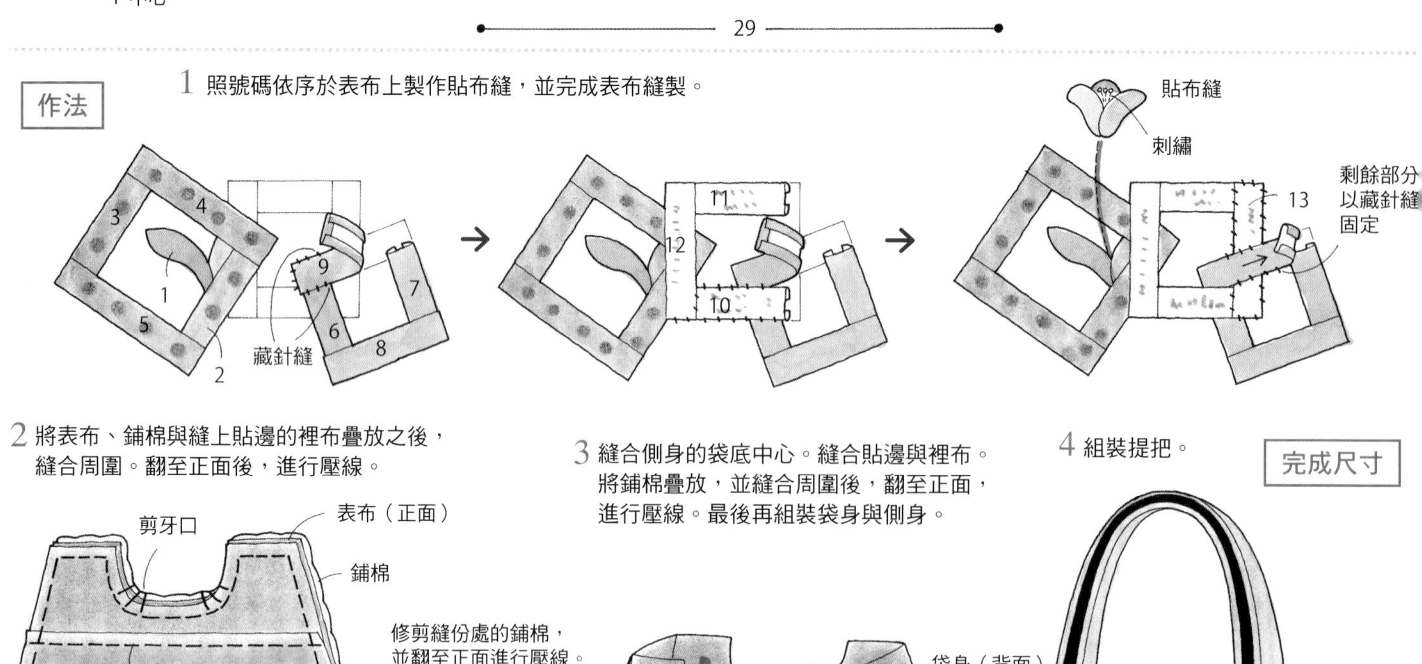

3
4
1
5
2
9
7
6
8
藏針縫
11
12
10
貼布縫
刺繡
13
剩餘部分以藏針縫固定

2 將表布、鋪棉與縫上貼邊的裡布疊放之後，縫合周圍。翻至正面後，進行壓線。

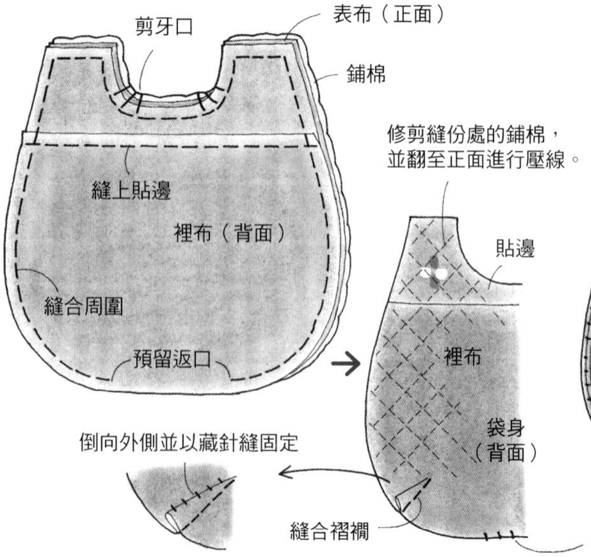

剪牙口
表布（正面）
鋪棉
縫上貼邊
裡布（背面）
縫合周圍
預留返口
修剪縫份處的鋪棉，並翻至正面進行壓線。
貼邊
裡布
袋身（背面）
倒向外側並以藏針縫固定
縫合褶襉

3 縫合側身的袋底中心。縫合貼邊與裡布。將鋪棉疊放，並縫合周圍後，翻至正面，進行壓線。最後再組裝袋身與側身。

袋身（背面）
袋身（背面）
以藏針縫縫合返口
僅挑起表布，進行細密的捲針縫。

4 組裝提把。

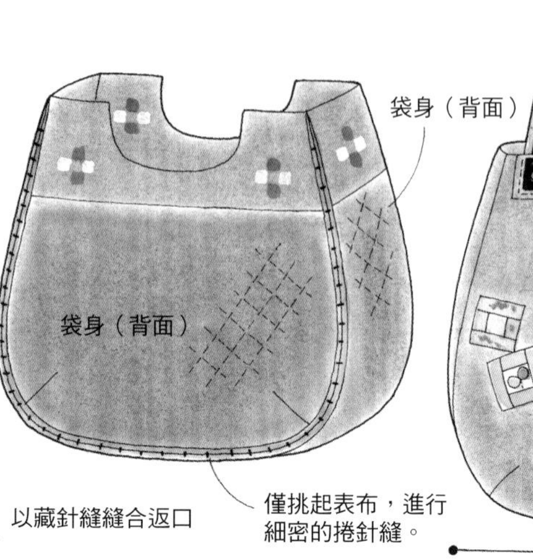

完成尺寸

29
10
29

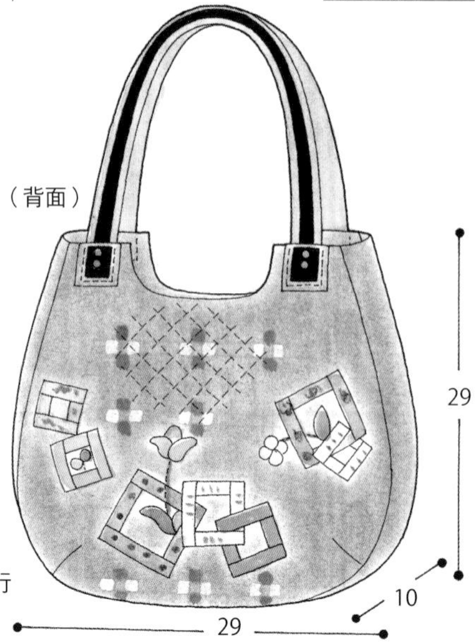

P.31 ⑭ 雙婚戒拼布圖案托特包

材料

拼布、貼布縫用布（印花布／A 4片、B 8片、C 8片、D 4片）共50×20cm
表布（焦茶色）60×45cm
表布（茶色）30×30cm
鋪棉　45×70cm
裡布（印花布）80×70cm
長度24cm的拉鍊　1條
長度43cm的提把　1組

※原寸紙型請見P.84。

作法

1 縫上圓珠，並於表布製作貼布縫。
組裝前、後袋身與袋底後，完成表袋身製作。

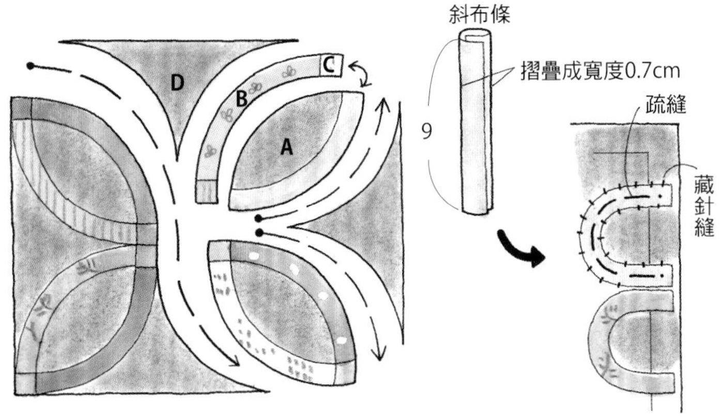

D
C
B
A
斜布條
摺疊成寬度0.7cm
9
疏縫
藏針縫

2 將表布、鋪棉與裡布疊放之後，
進行壓線，再縫合側身。

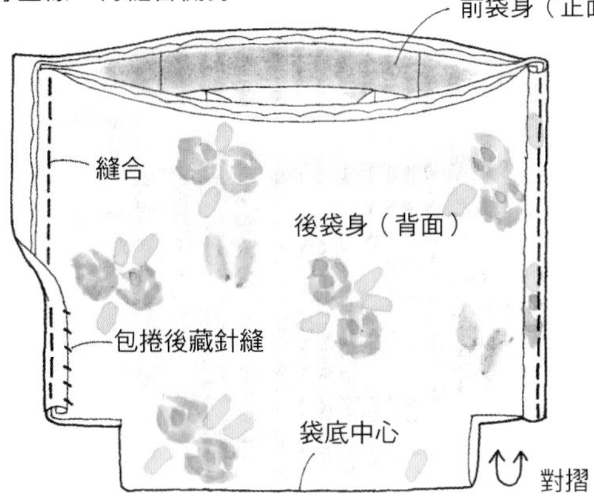

前袋身（正面）
縫合
後袋身（背面）
包捲後藏針縫
袋底中心
對摺

3 縫合底角，並製作滾邊。縫製內口袋後，
組裝拉鍊，再以藏針縫固定於袋身。

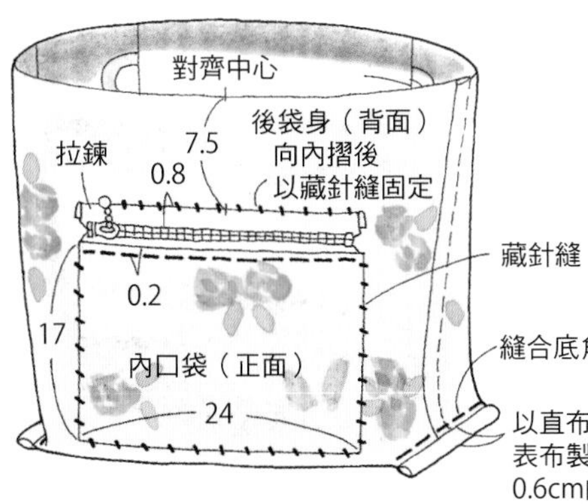

對齊中心
後袋身（背面）
向內摺後
以藏針縫固定
拉鍊
7.5
0.8
藏針縫
0.2
17
內口袋（正面）
24
縫合底角
以直布紋的
表布製作寬度
0.6cm的滾邊

4 縫合貼邊的兩側，
與袋身的袋口處縫合後，
進行藏針縫，最後再接縫提把。

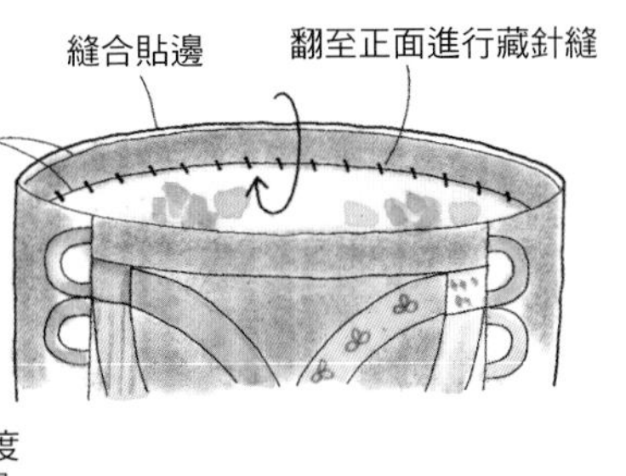

縫合貼邊
翻至正面進行藏針縫
2

裁布圖

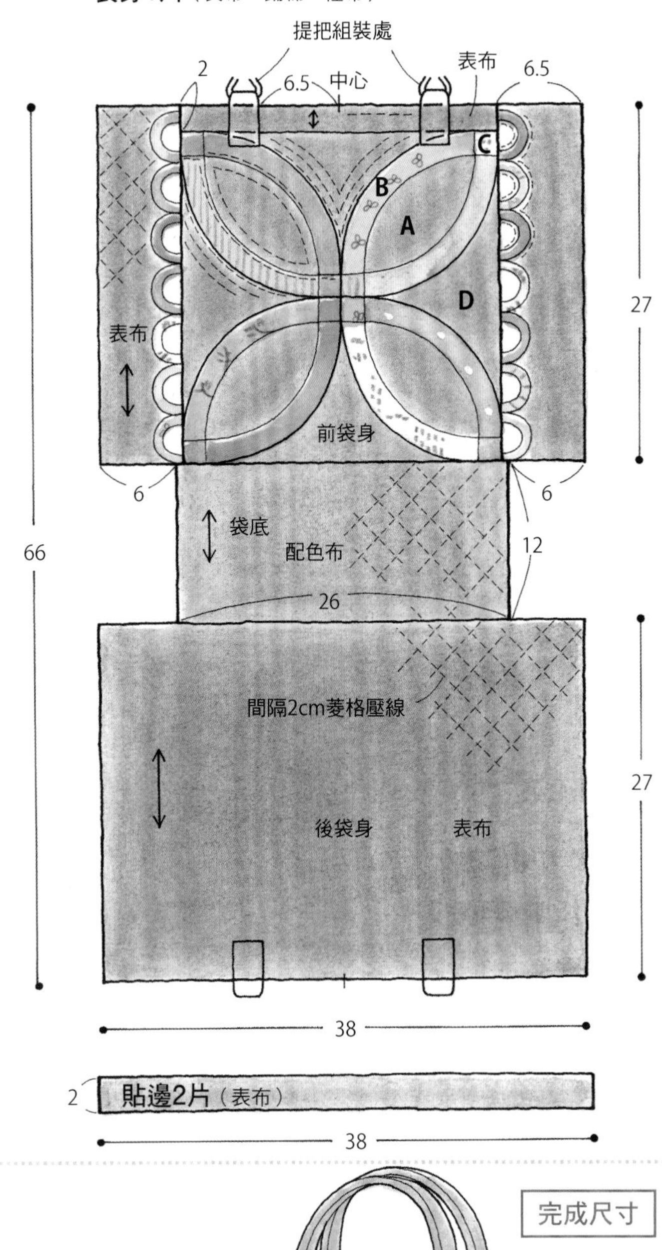

袋身1片（表布・鋪棉・裡布）
提把組裝處
2
6.5
中心
表布
6.5
C
B
A
D
表布
前袋身
27
6
6
袋底
配色布
12
66
26
間隔2cm菱格壓線
27
後袋身
表布
38
2
貼邊2片（表布）
38

完成尺寸

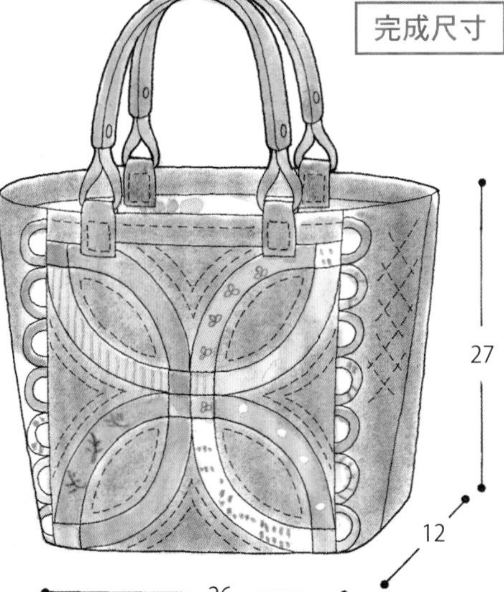

27
12
26

典雅波士頓包&眼鏡盒

包型大，側身也夠寬，
但卻是一款非常輕巧且典雅的包包。
作法的祕訣在於表布的背面貼上一片布襯，
如此一來，就算是大型包款，也能確實保持形狀。
一直想要一款既輕巧又帶成熟風格、
造型雅致的眼鏡盒，
卻遲遲沒能找到。
既然如此，就只好自己動手作了！
在袋內加入了塑膠底板，
更兼顧了保護眼鏡的功能。

15★

HOW TO MAKE
P.36

16

HOW TO MAKE
P.43

加在袋內的塑膠底板，可以確實保護眼鏡。
由於可以單獨取出，因此也可作為萬用包使用，真是令人開心呢！
貼布縫花樣為日本紫珠。

拉鍊開口的簡單造型。

後袋身。

大容量側身，正面的立體貼布縫顯得精緻華麗。

P.34 ⑮ 典雅波士頓包

材料
貼布縫用布　適量
表布（淺駝色）110×40cm
配色布（水藍色）55×55cm
鋪棉　80×60cm
裡布（印花布）110×55cm
布襯（薄）90×70cm
長度48cm的提把　1組
長度28cm的拉鍊　2條
25號繡線（白色）
手縫蠟線（白色）
毛線　適量

※原寸紙型請見P.87。

內口袋1片（裡布・布襯）

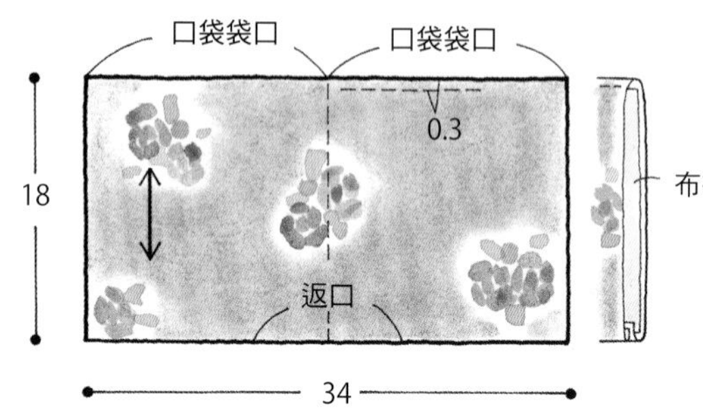

口袋袋口
口袋袋口
0.3
18
布襯
返口
34

裁布圖

袋身2片（表布・布襯・鋪棉・裡布）

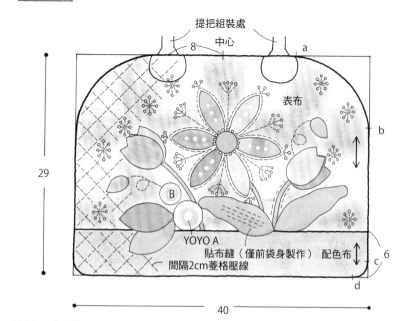

提把組裝處
中心
8
a
b
c
d
表布
B
YOYO A
貼布縫（僅前袋身製作）
配色布
間隔2cm菱格壓線
29
6
40

拉鍊口布2片（表布・布襯・鋪棉・裡布）

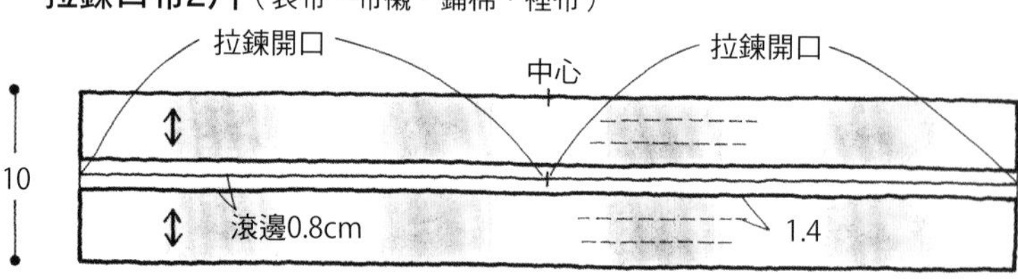

拉鍊開口
中心
拉鍊開口
10
滾邊0.8cm
1.4
57

拉鍊裝飾2片

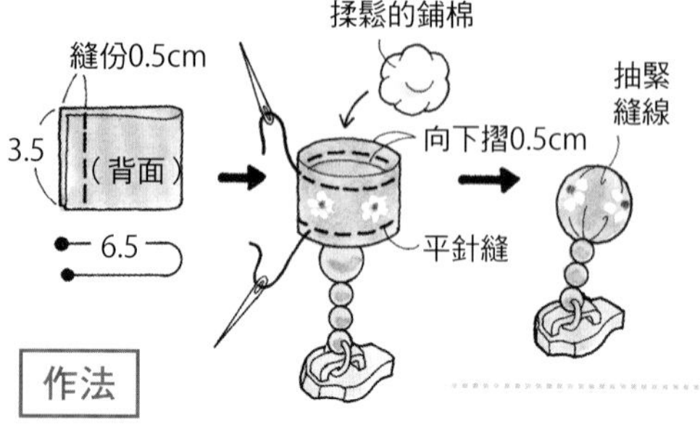

揉鬆的鋪棉
縫份0.5cm
3.5
（背面）
6.5
向下摺0.5cm
抽緊縫線
平針縫

下側身1片（表布・布襯・配色布・鋪棉・裡布）

表布
配色布
間隔2cm菱格壓線
12
1
1
6
10
70.2

作法

1 於表布製作貼布縫，
繡上莖桿後，
縫合拼接處。

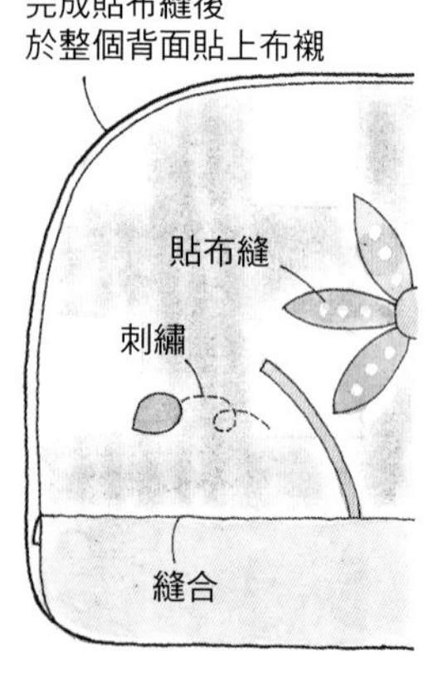

完成貼布縫後
於整個背面貼上布襯
貼布縫
刺繡
縫合

2 將鋪棉與裡布疊放之後，
進行壓線，
並進行花朵刺繡。

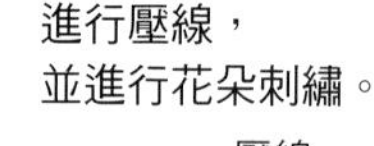

壓線
裡布
鋪棉
刺繡
袋身（正面）

3 將葉片與裡布疊放後，縫合四周留一返口。翻至正面，進行壓線，
再穿入毛線，縫製成立體的葉片造型。

縫合
剪牙口
返口
修剪縫份處的
鋪棉後
翻至正面
壓線
藏針縫
毛線
於布中穿入毛線
左右對稱各一片

4 依相同作法製作葉片與花瓣

×2片
×4片

5 以平針縫縫製YOYO花，共完成兩朵。

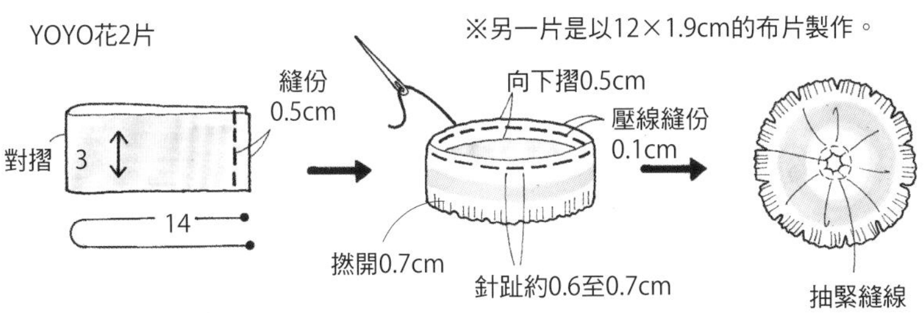
YOYO花2片
※另一片是以12×1.9cm的布片製作。
縫份
0.5cm
對摺
3
14
向下摺0.5cm
壓線縫份
0.1cm
攤開0.7cm
針趾約0.6至0.7cm
抽緊縫線

6 以藏針縫將花朵、葉片與YOYO花組裝於袋身，僅縫合下方，上方處先不縫。

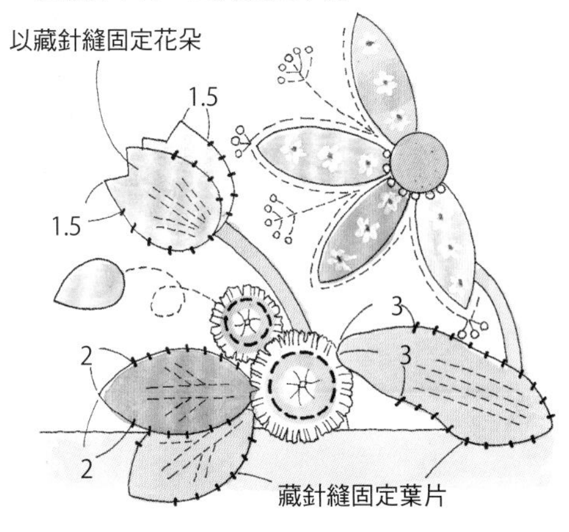
以藏針縫固定花朵
1.5
1.5
3
3
2
2
藏針縫固定葉片

7 拉鍊口布進行壓線，並製作滾邊，完成後再組裝兩條拉鍊。

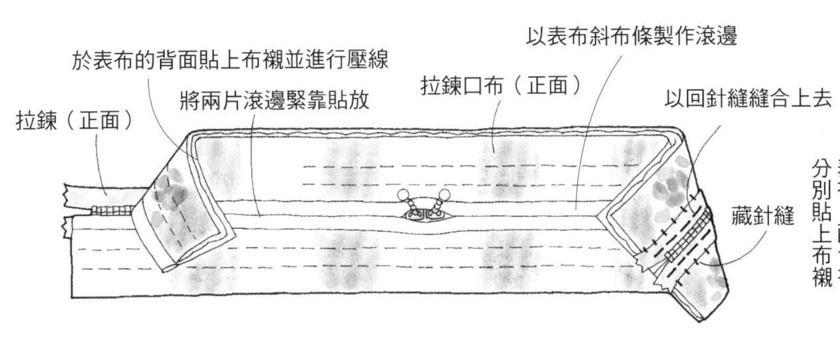
以表布斜布條製作滾邊
於表布的背面貼上布襯並進行壓線
將兩片滾邊緊靠貼放
拉鍊口布（正面）
以回針縫縫合上去
拉鍊（正面）
藏針縫

8 與下側身的表布、鋪棉及裡布疊放之三層布片，正面相對疊合，並夾車上方側身縫合。

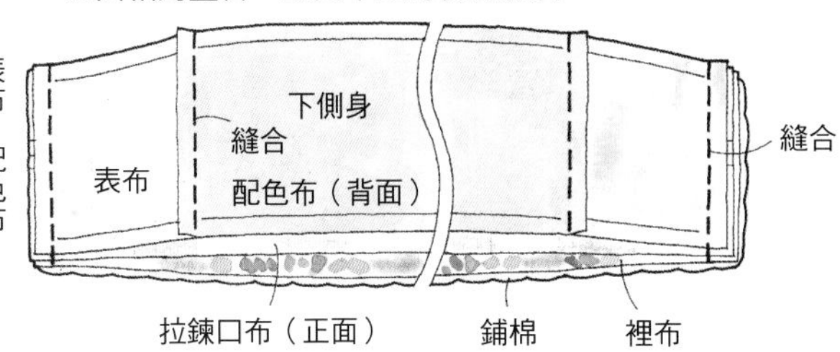
表布、配色布分別貼上布襯
下側身
縫合
表布
配色布（背面）
縫合
拉鍊口布（正面）
鋪棉
裡布

9 翻至正面，並於下側身進行壓線。

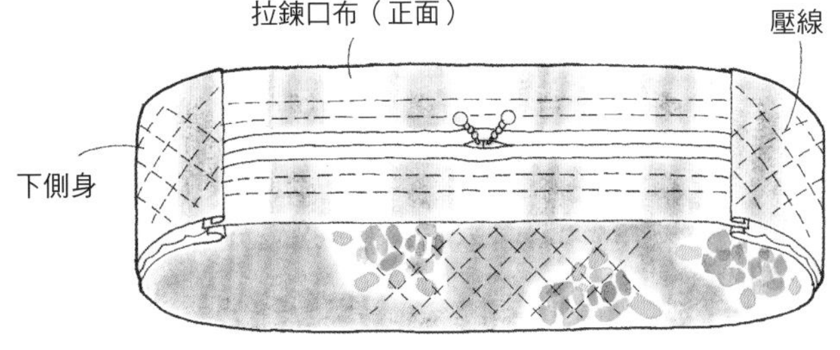
拉鍊口布（正面）
壓線
下側身

10 將側身與袋身對齊後縫合，並包捲縫份固定。

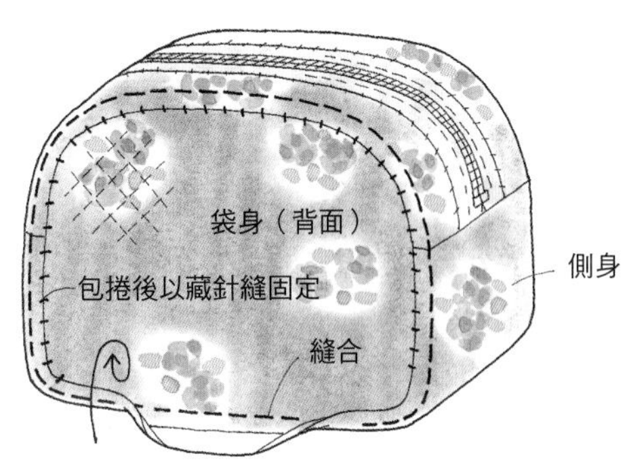
袋身（背面）
側身
包捲後以藏針縫固定
縫合

11 縫製內口袋。

12 將內口袋組裝於袋身。

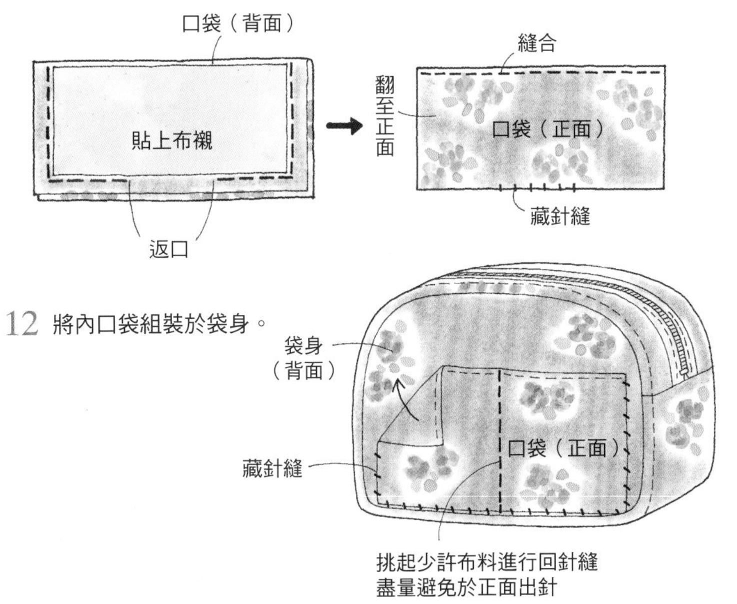
口袋（背面）
貼上布襯
返口
縫合
翻至正面
口袋（正面）
藏針縫
袋身
（背面）
藏針縫
口袋（正面）
挑起少許布料進行回針縫
盡量避免於正面出針

13 組裝提把。

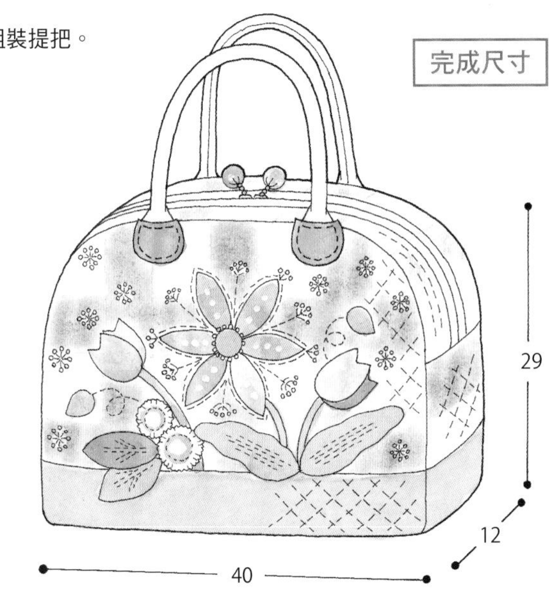
完成尺寸
29
12
40

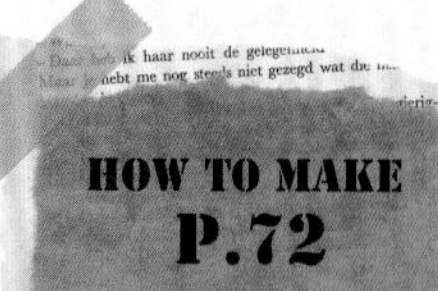
HOW TO MAKE
P.72

灰色系拼接包

到了這個年齡，
對灰色本身的美感、高雅氣質，
再次有了全然不同的感動。
於是便創作出這款花樣簡單、
成熟又可愛的包包。
圖案嘗試使用布料的正面與背面來變化。
再以白色或珍珠飾品點綴，
更是我特別喜愛之處。

17

後袋身。

18★

夏威夷風情大拼布包

「高雅」對我而言，第一個想到的就是白色！
果然還是白色最令我傾心！
將夏威夷拼布圖案的托特包
化身為純白色來呈現。
但是像黑色、淺駝色、藍色、
粉紅色、薄荷綠也都是我喜歡的顏色……
不妨試著改變配色，相信也會是件出色的作品喔！

HOW TO MAKE P.40

P.39 ⑱ 夏威夷風情大拼布包

材料
貼布縫用布（原色）55×50cm
表布（淺駝色）110×60cm
鋪棉　55×85cm
裡布（印花布）90×85cm
長度22cm的拉鍊　1條
長度48cm的提把　1組

※原寸紙型請見P.89。

裁布圖　**袋身1片**（表布・鋪棉・裡布）

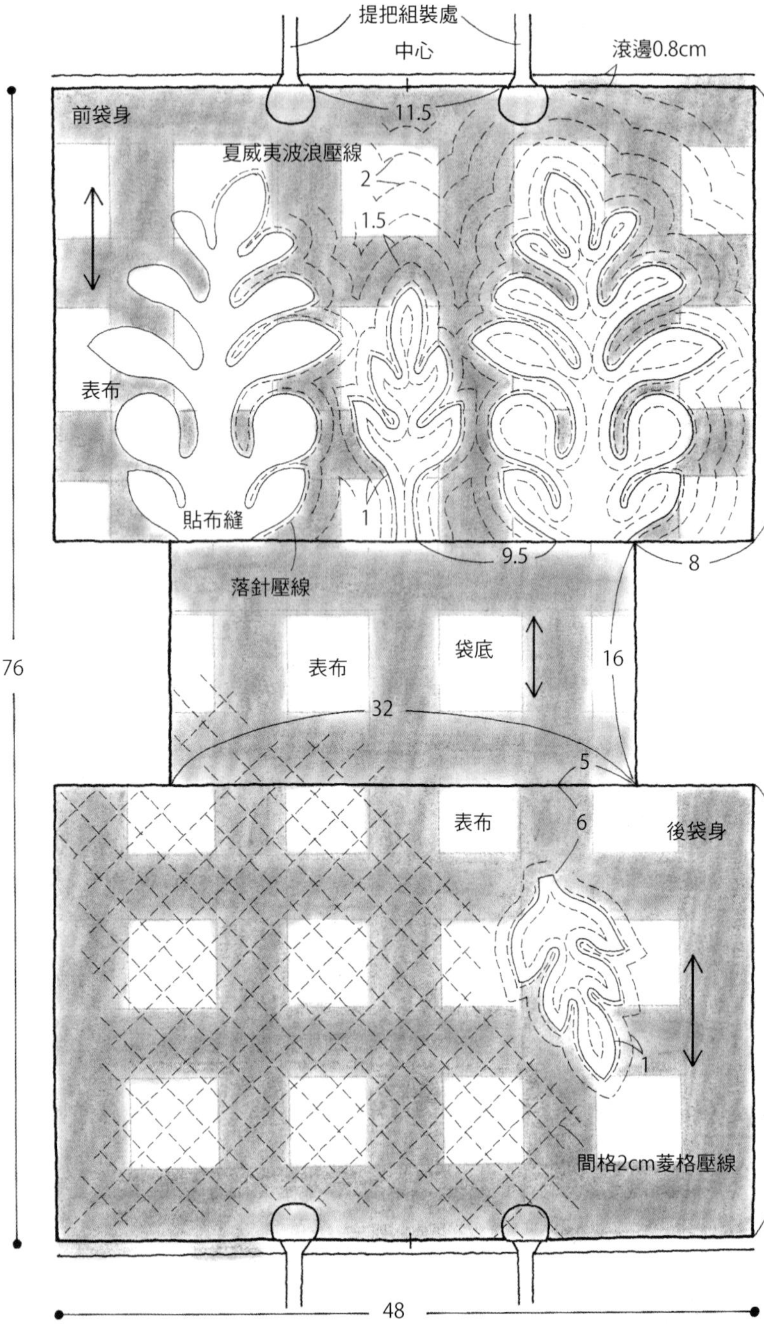

提把組裝處
中心
滾邊0.8cm
前袋身
11.5
夏威夷波浪壓線
2
1.5
30
表布
貼布縫
1
9.5
8
落針壓線
表布
袋底
16
76
32
5
表布
6
後袋身
30
1
間格2cm菱格壓線
48

作法

1 將貼布縫用布置於表布上，進行疏縫。

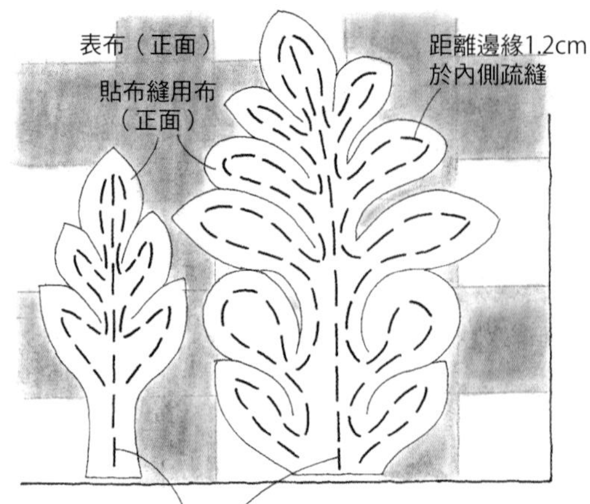

表布（正面）
貼布縫用布
（正面）
距離邊緣1.2cm
於內側疏縫
於中心疏縫
※左側的貼布縫是將紙型反過來運

2 製作貼布縫後，再縫製袋身的表布。

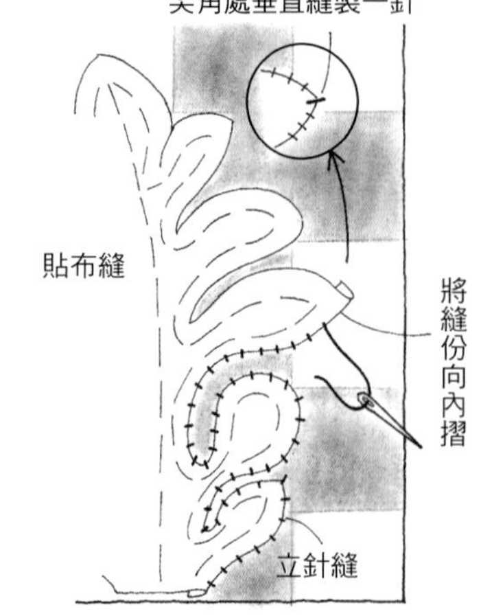

尖角處垂直縫製一針
貼布縫
將縫份向內摺
立針縫

3 組裝袋身與袋底，並將鋪棉與裡布疊放後，進行壓線。

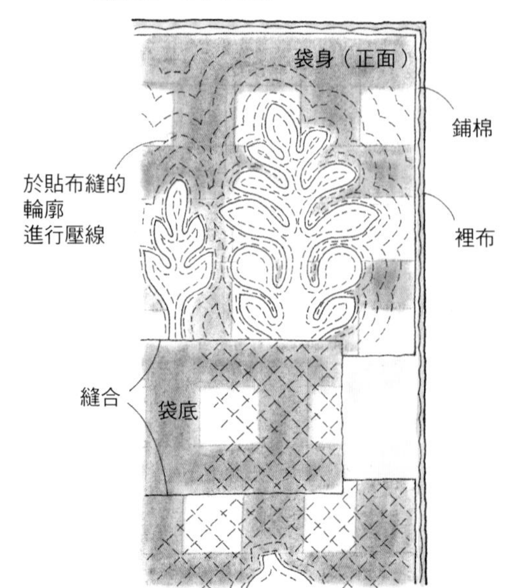

袋身（正面）
鋪棉
於貼布縫的
輪廓
進行壓線
裡布
縫合
袋底

4 縫製內口袋，翻至正面後，再組裝拉鍊。

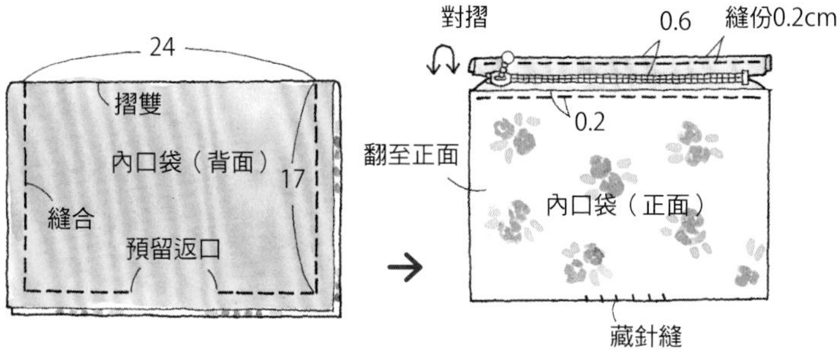

24
摺雙
內口袋（背面）
17
縫合
預留返口
對摺
0.6
縫份0.2cm
0.2
翻至正面
內口袋（正面）
藏針縫

6 於袋口處製作滾邊，並組裝提把。

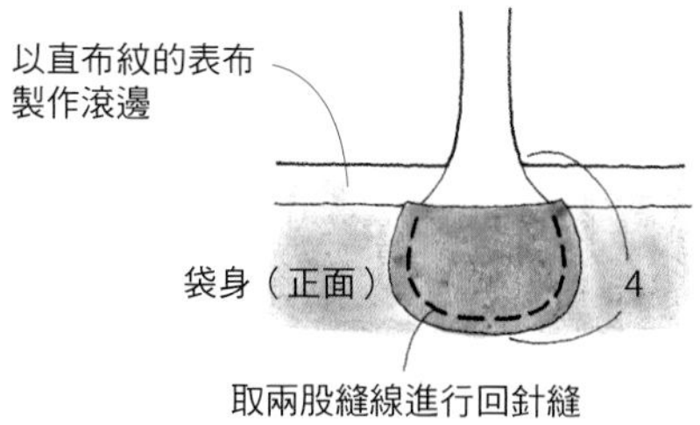

以直布紋的表布
製作滾邊
袋身（正面）
4
取兩股縫線進行回針縫

5 縫製側身與底角，完成後再接縫內口袋。

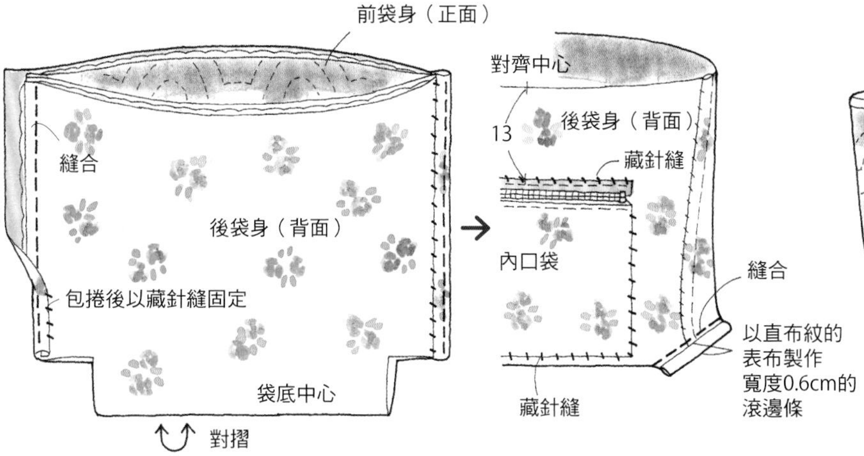

前袋身（正面）
縫合
後袋身（背面）
包捲後以藏針縫固定
袋底中心
對摺
對齊中心
13
後袋身（背面）
藏針縫
內口袋
縫合
以直布紋的
表布製作
寬度0.6cm的
滾邊條
藏針縫

完成尺寸
30.8
16
32

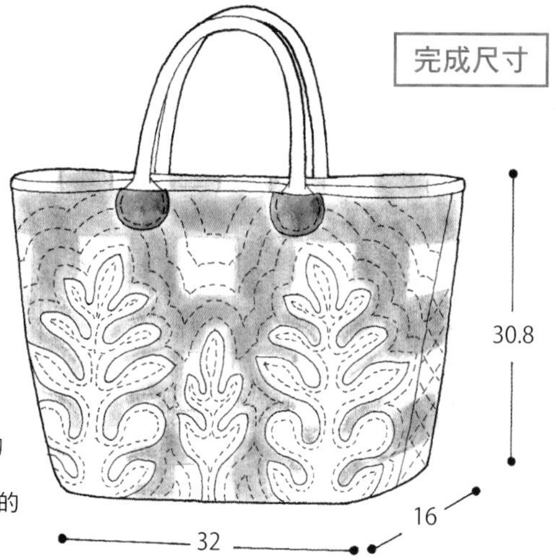

P.14 ⑤ 六角形摺花手提兩用小肩包

※原寸紙型請見P.89。

材料

拼布用布

（印花布／A 77片）合計45×40cm

表布（條紋布）60×35cm

鋪棉 60×30cm

裡布（印花布）110×60cm

長度24cm、26cm的拉鍊 各1條

直徑1.6cm的包釦 2顆

內寸1cm的D型環 2個

長度30cm的提把 1組、肩帶 1條

後袋身1片（表布・鋪棉・裡布）

滾邊0.8cm
60°
2
28.7
壓線
24.7
後袋身
袋底
4
25.5

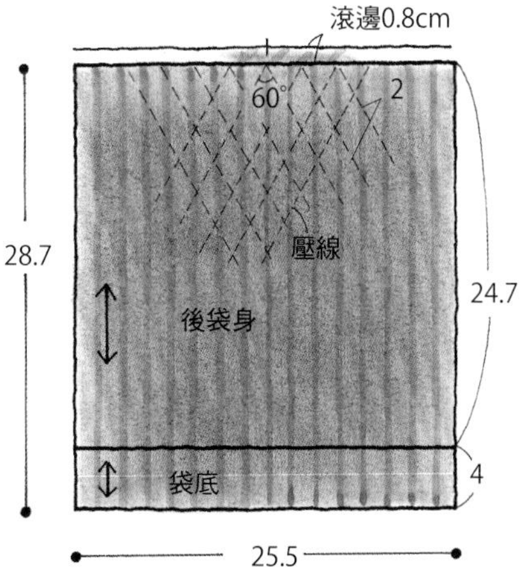

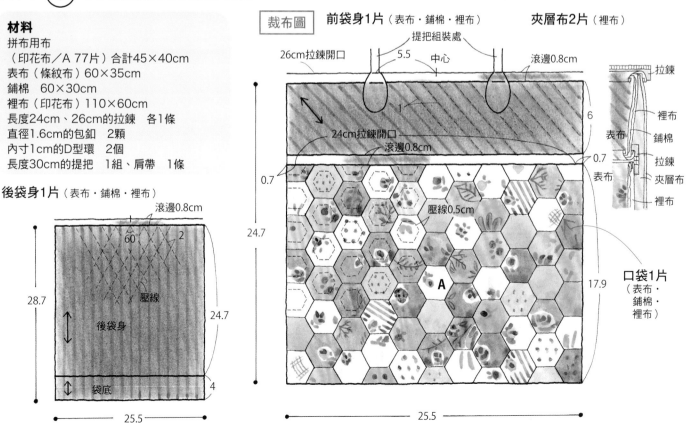

裁布圖

前袋身1片（表布・鋪棉・裡布）

夾層布2片（裡布）

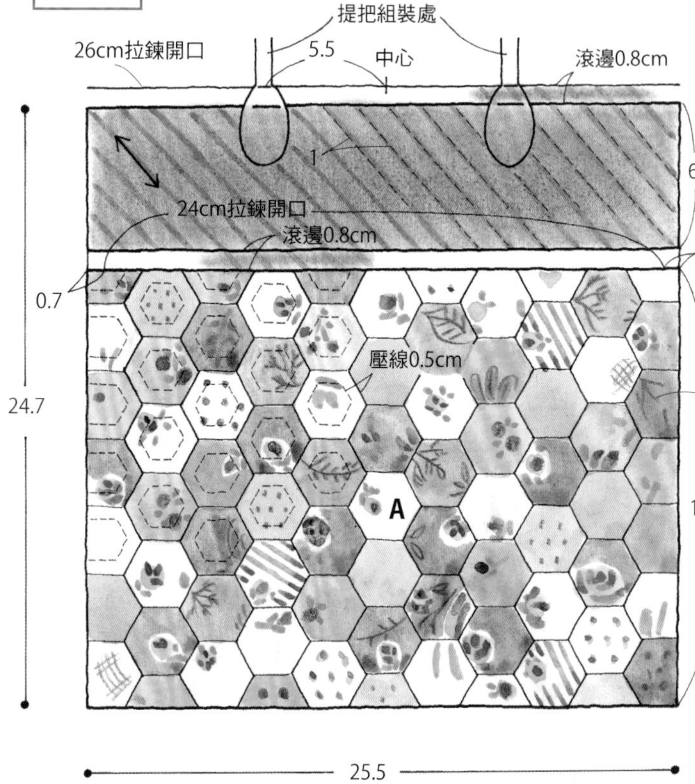

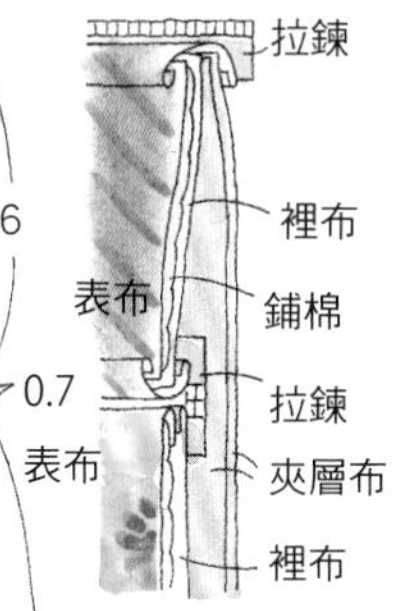

提把組裝處
26cm拉鍊開口
5.5
中心
滾邊0.8cm
1
6
24cm拉鍊開口
滾邊0.8cm
0.7
0.7
24.7
壓線0.5cm
A
17.9
25.5
拉鍊
裡布
表布
鋪棉
拉鍊
表布
夾層布
裡布

口袋1片
（表布・
鋪棉・
裡布）

作法

1 縫上圓珠，
製作口袋的表布。

2 將表布、鋪棉與裡布疊放之後縫合，翻至正面，再進行壓線。

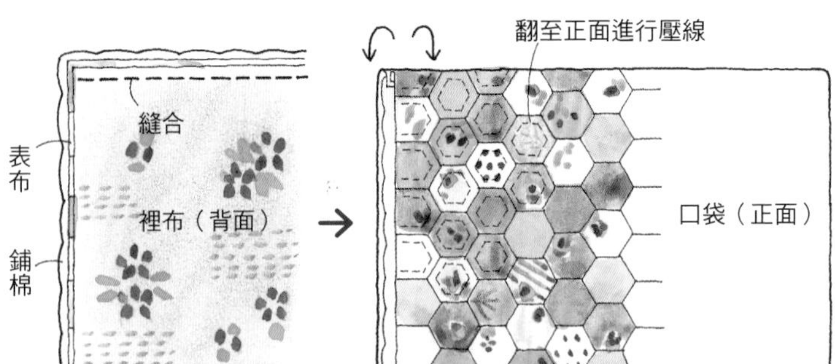

縱列縫合
鑲嵌布片拼縫
表布
鋪棉
縫合
裡布（背面）
翻至正面進行壓線
口袋（正面）

3 於前袋身進行壓線，
並製作滾邊。

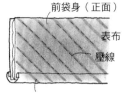

前袋身（正面）
表布
壓線
以表布的斜布條製作滾邊

4 於口袋、前袋身組裝拉鍊
（請見P.19作法3）。

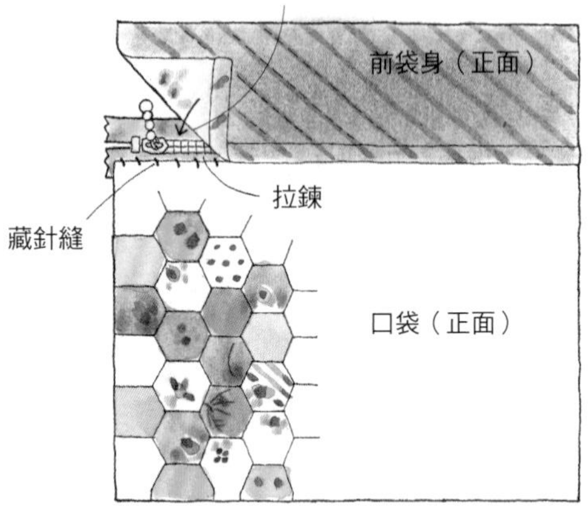

由內側進行回針縫
前袋身（正面）
拉鍊
藏針縫
口袋（正面）

5 疊放上夾層布後，疏縫周圍。
拉鍊的兩側則進行作藏針縫。

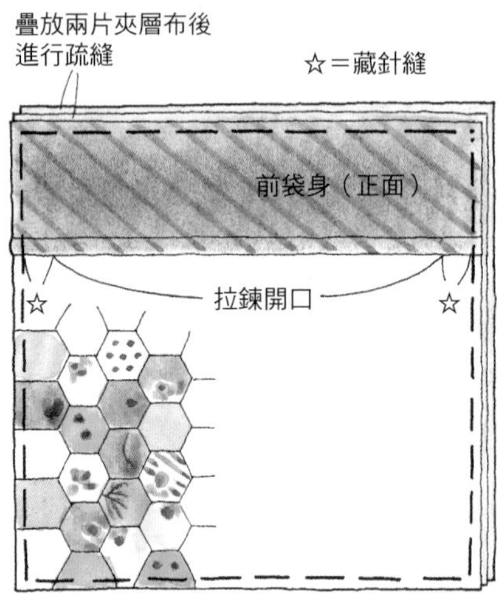

疊放兩片夾層布後
進行疏縫
☆＝藏針縫
前袋身（正面）
☆
拉鍊開口
☆

6 組裝後表袋身與表袋底。
將鋪棉與裡布疊放之後，進行壓線。
縫合前、後袋身後，再縫製袋底。

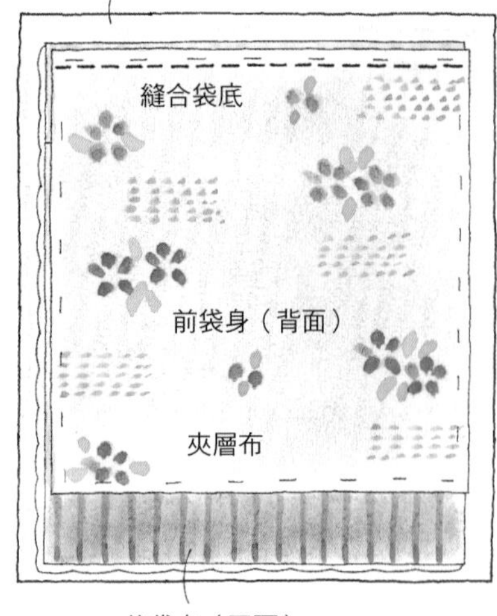

需多預留一些後袋身裡布的縫份。
縫合袋底
前袋身（背面）
夾層布
後袋身（正面）

7 包捲袋底的縫份。縫合側身，
並以同樣作法包捲縫份。

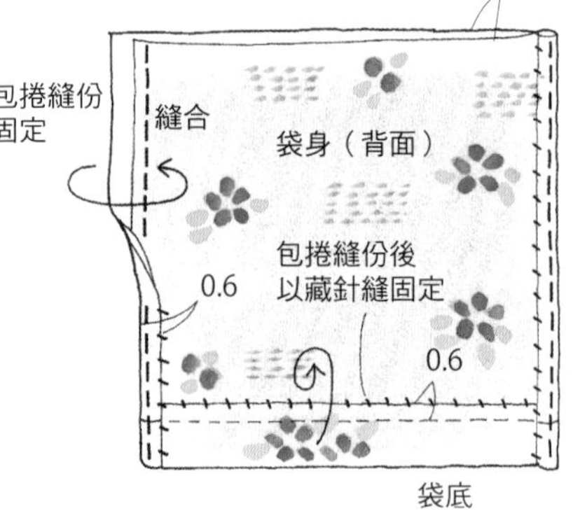

對齊上緣
包捲縫份
固定
縫合
袋身（背面）
包捲縫份後
以藏針縫固定
0.6
0.6
袋底

8 縫製底角。

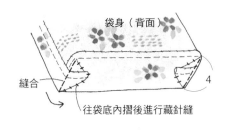

袋身（背面）
縫合
4
往袋底內摺後進行藏針縫

9 縫製吊耳布，並組裝D型環。

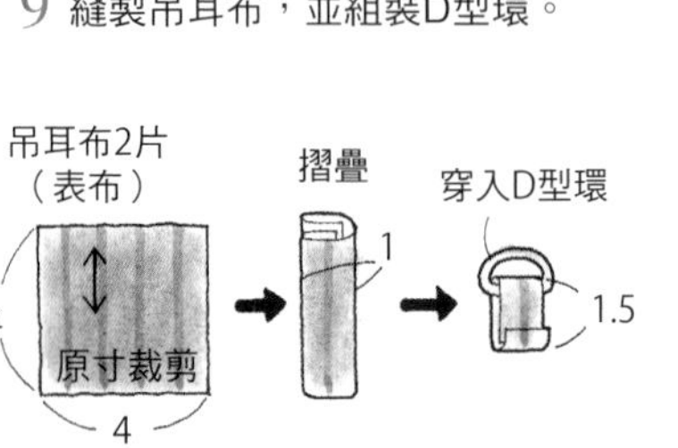

吊耳布2片
（表布）
4
原寸裁剪
4
摺疊
1
穿入D型環
1.5

10 袋口處進行滾邊，接縫拉鍊後，
再組裝吊耳布。

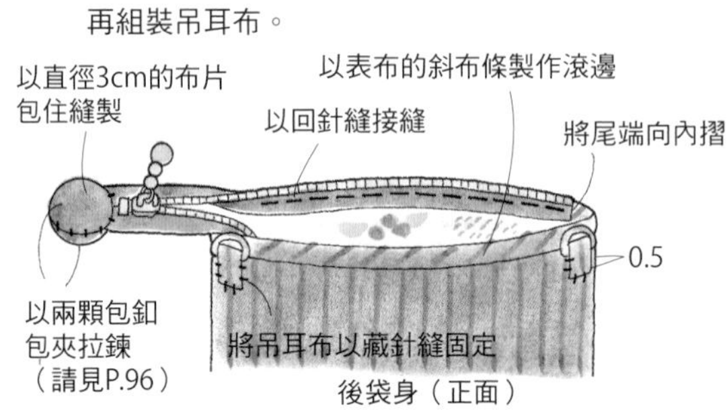

以直徑3cm的布片
包住縫製
以表布的斜布條製作滾邊
以回針縫接縫
將尾端向內摺
0.5
以兩顆包釦
包夾拉鍊
（請見P.96）
將吊耳布以藏針縫固定
後袋身（正面）

11 組裝提把，並接縫拉鍊裝飾
（請見P.96）。

完成尺寸

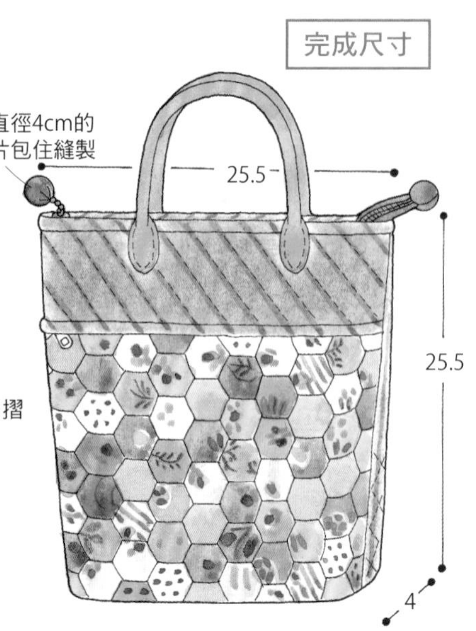

以直徑4cm的
布片包住縫製
25.5
25.5
4

P.34 ⑯ 眼鏡盒

材料
貼布縫用布　適量
表布（淺駝色）45×10cm
配色布（條紋布）25×10cm
滾邊布（斜布條）3.5×70cm
鋪棉　25×25cm
裡布（印花布）55×25cm
布襯（薄）15×15cm
長度25cm的拉鍊　1條
拼布袋物專用塑膠底板　15×15cm
25號繡線（紫色、綠色、茶色）
5號繡線（淺駝色）

※原寸紙型請見P.86。

縫製全圖

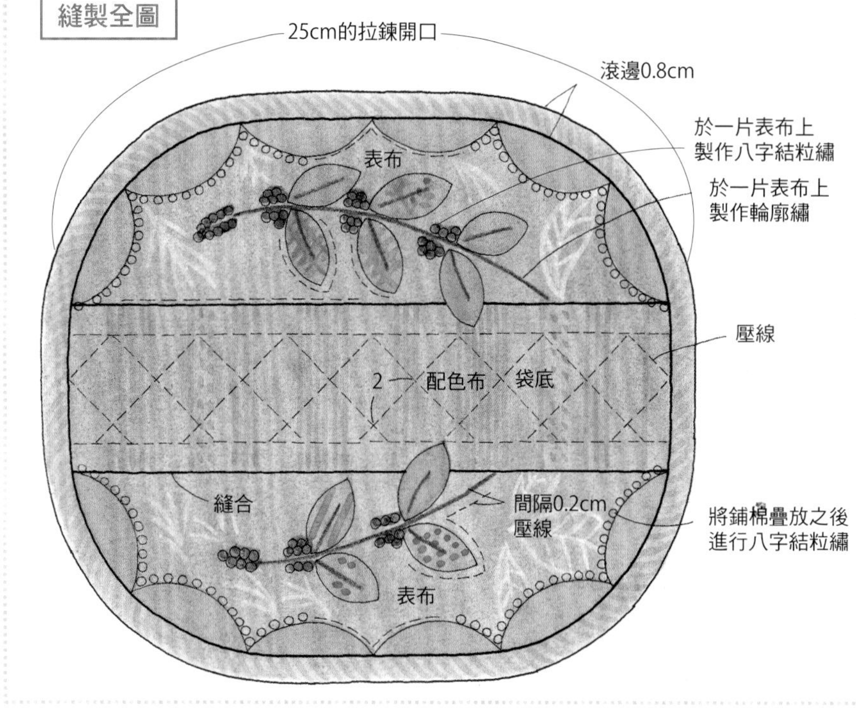
25cm的拉鍊開口
滾邊0.8cm
於一片表布上
製作八字結粒繡
於一片表布上
製作輪廓繡
表布
壓線
2
配色布
袋底
縫合
間隔0.2cm
壓線
將鋪棉疊放之後
進行八字結粒繡
表布

作法

1 縫合內側。將鋪棉疊放之後，再縫合周圍。

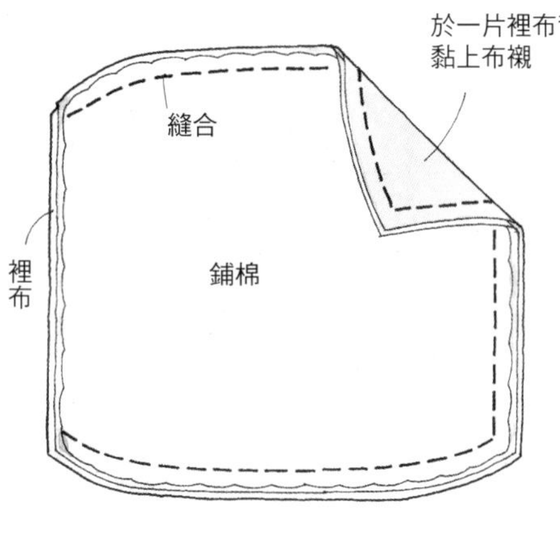
於一片裡布背面
黏上布襯
縫合
裡布
鋪棉

2 翻至正面，將袋口處的縫份摺入後，縫合袋底，再放入拼布袋物專用塑膠底板。

翻至正面
表布（正面）
縫合
放入裁剪成寬度0.3cm的小片塑膠底板

3 袋口處進行藏針縫。

鋪棉的那一面作為內側摺疊
裡布（正面）
藏針縫

4 縫製袋身的表布，並製作貼布縫。刺繡上花朵與莖桿後，將鋪棉與裡布疊放，進行壓線，並且繡上海扇形的圖案。對齊中心後，進行滾邊，並組裝拉鍊與車縫底角。

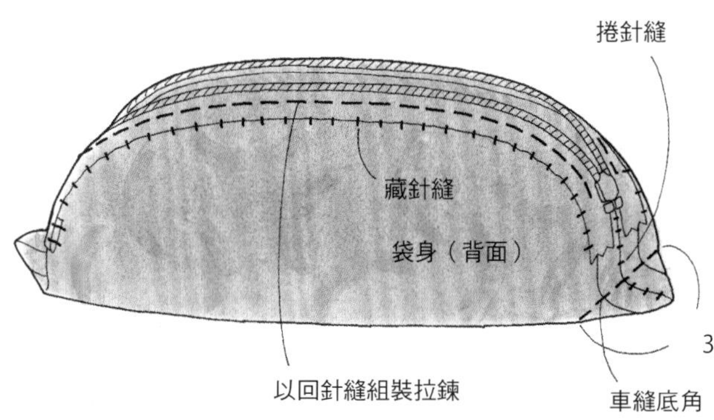
捲針縫
藏針縫
袋身（背面）
3
以回針縫組裝拉鍊
車縫底角

5 翻至正面，接縫拉鍊裝飾（請見P.96）。

完成尺寸

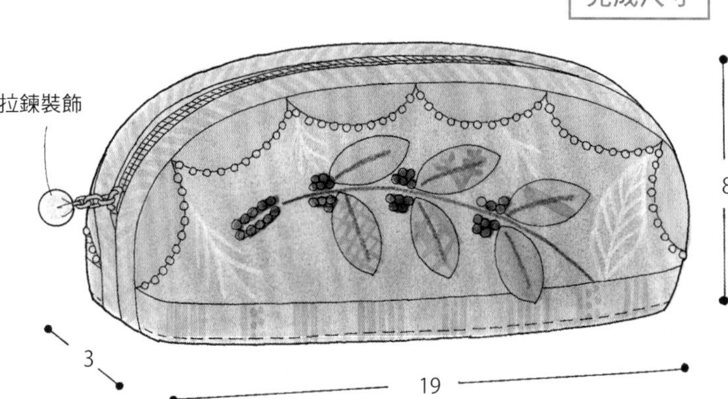
拉鍊裝飾
8
3
19

HOW TO MAKE
P.46

20

19

HOW TO MAKE
P.76

後袋身。運用巧思將大大的房子化為口袋。

房屋圖案拼布包
&筆袋

我平均每個月會有兩次左右，
獨自前往海外進行講座。
平板電腦和筆是我的必備品，
收納在能夠溫暖我心的
房屋圖案的貼布縫拼布包與筆袋裡，
讓我隨時隨地都能帶著它們。

屋頂下方也有一隻青鳥喲！

青鳥茶壺墊&三角形屋頂置物盒

與P.44相同，
當我遇到長期的海外出差時，
也會把這一套青鳥茶壺墊組一起帶上。
對於筋疲力盡，結束工作返家的我而言，
飯店的房間是極為重要的休息空間。
可愛的青鳥靜靜待在房間等待我的歸來，
也療癒了我全身的疲憊。

HOW TO MAKE P.74

22

HOW TO MAKE P.75

21

P.44 ⑳ 房屋圖案拼布包

材料

拼布、貼布縫用布　適量
表布（淺駝色）60×60cm
鋪棉　60×20cm
單膠鋪棉　55×10cm
裡布（印花布）110×30cm
布襯（薄）18×14cm
25號繡線（茶色、焦茶色、綠色、土黃色）
5號繡線（原色、茶色、焦茶色、紅色、綠色）
長度30cm的拉鍊　1條
長度38cm的提把　1組

※原寸紙型請見P.90、P.91。

裁布圖

拉鍊口布2片（表布・單膠鋪棉・布襯）

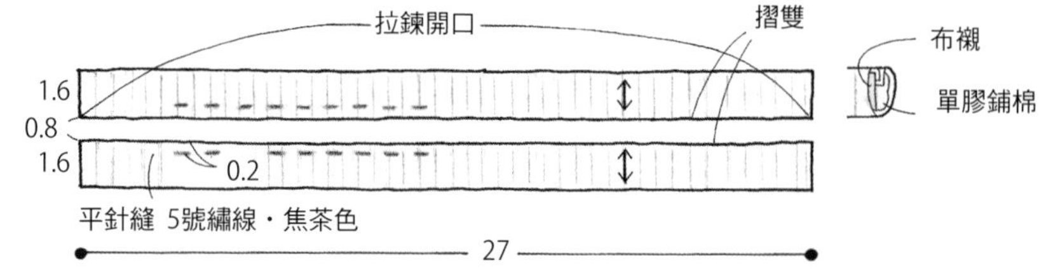

拉鍊開口
摺雙
布襯
單膠鋪棉
1.6
0.8
1.6
0.2
平針縫 5號繡線・焦茶色
27

下側身1片（表布・單膠鋪棉・布襯・裡布）

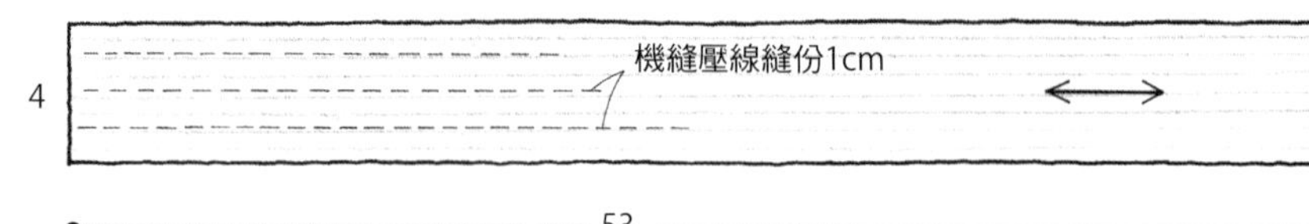

機縫壓線縫份1cm
4
53

前袋身1片（表布・鋪棉・裡布）

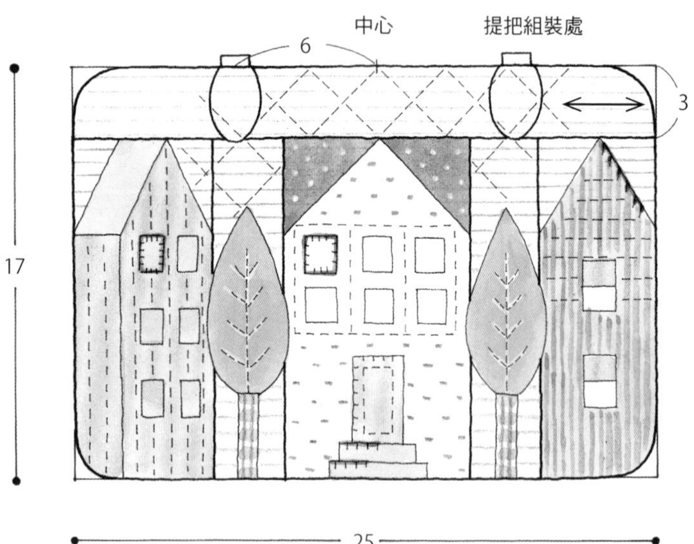

中心
提把組裝處
6
3
17
25

後袋身1片（表布・鋪棉・裡布）
口袋布1片（表布・布襯・裡布）

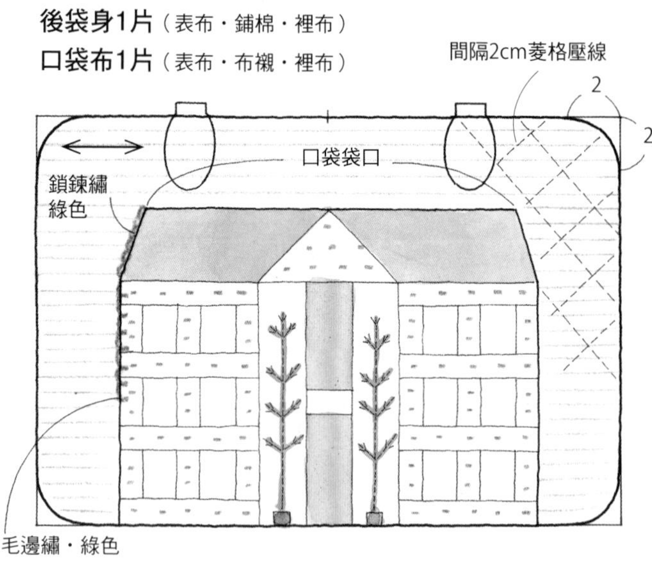

間隔2cm菱格壓線
2
2
口袋袋口
鎖鍊繡
綠色
毛邊繡・綠色
25

作法

1 縫上圓珠，製作表布。

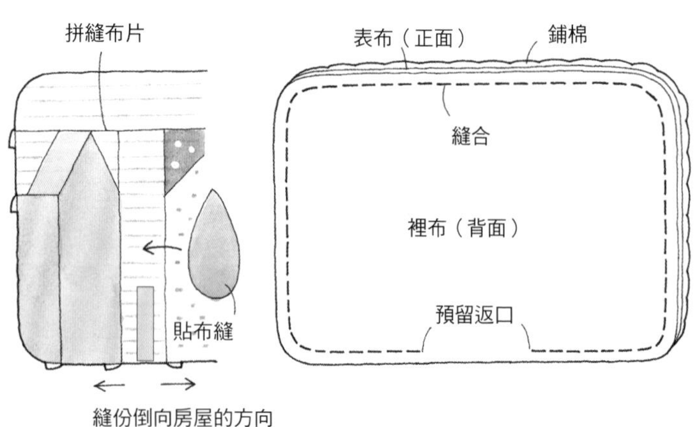

拼縫布片
貼布縫
縫份倒向房屋的方向

2 將表布、鋪棉與裡布疊放後，縫合周圍。

表布（正面）
鋪棉
縫合
裡布（背面）
預留返口

3 翻至正面，進行壓線。後袋身也以相同作法進行壓線。

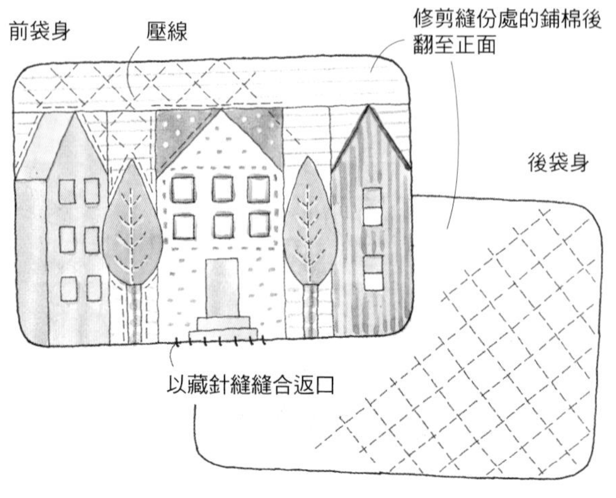

前袋身
壓線
修剪縫份處的鋪棉後翻至正面
後袋身
以藏針縫縫合返口

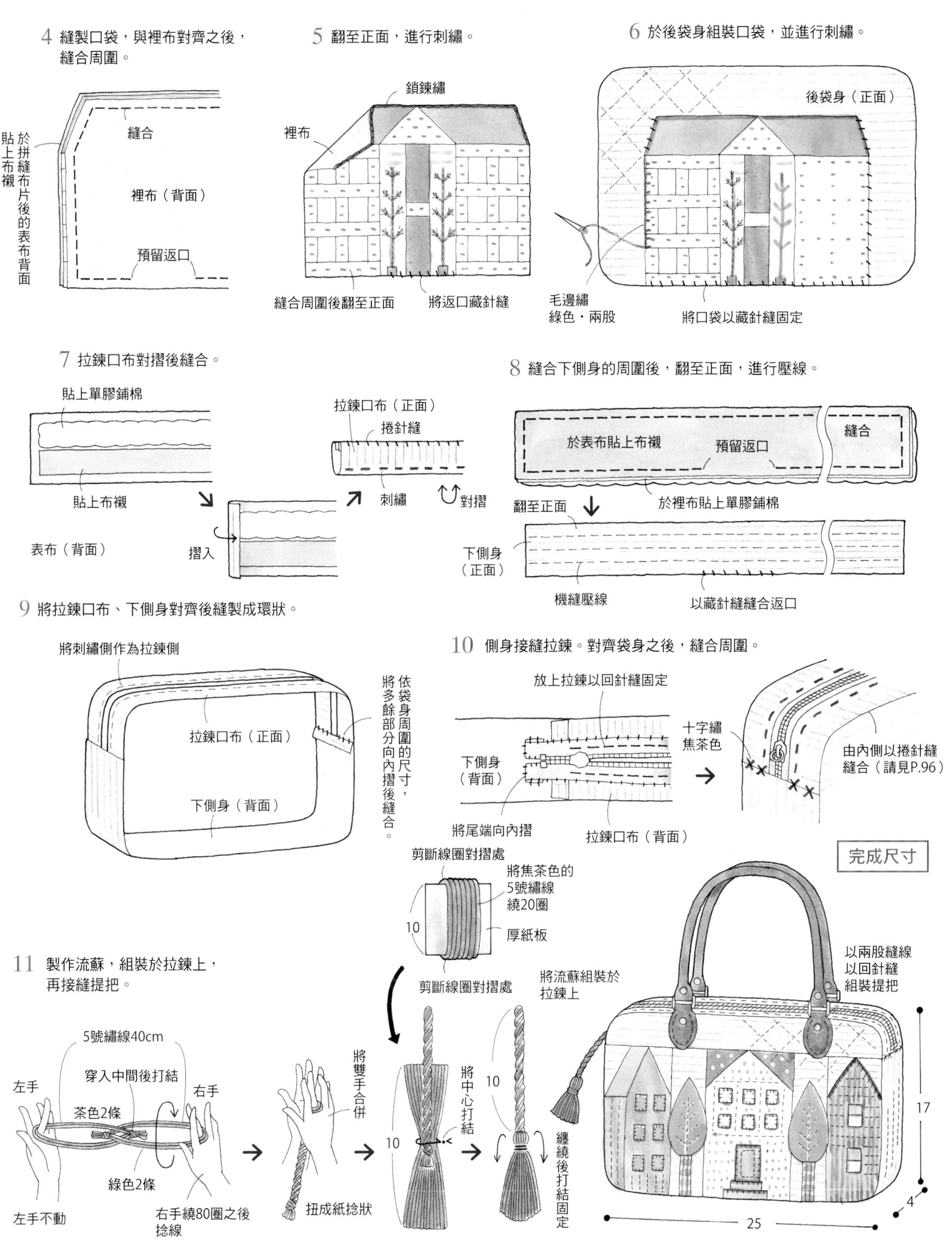
4 縫製口袋，與裡布對齊之後，縫合周圍。
縫合
於拼縫布片後的表布背面貼上布襯
裡布（背面）
預留返口
5 翻至正面，進行刺繡。
鎖鍊繡
裡布
縫合周圍後翻至正面
將返口藏針縫
6 於後袋身組裝口袋，並進行刺繡。
後袋身（正面）
毛邊繡
綠色・兩股
將口袋以藏針縫固定
7 拉鍊口布對摺後縫合。
貼上單膠鋪棉
貼上布襯
表布（背面）
摺入
拉鍊口布（正面）
捲針縫
刺繡
對摺
8 縫合下側身的周圍後，翻至正面，進行壓線。
於表布貼上布襯
預留返口
縫合
於裡布貼上單膠鋪棉
翻至正面
下側身
（正面）
機縫壓線
以藏針縫縫合返口
9 將拉鍊口布、下側身對齊後縫製成環狀。
將刺繡側作為拉鍊側
拉鍊口布（正面）
下側身（背面）
依袋身周圍的尺寸，將多餘部分向內摺後縫合。
10 側身接縫拉鍊。對齊袋身之後，縫合周圍。
放上拉鍊以回針縫固定
下側身
（背面）
將尾端向內摺
拉鍊口布（背面）
十字繡
焦茶色
由內側以捲針縫
縫合（請見P.96）
完成尺寸
剪斷線圈對摺處
將焦茶色的
5號繡線
繞20圈
10
厚紙板
剪斷線圈對摺處
11 製作流蘇，組裝於拉鍊上，再接縫提把。
將流蘇組裝於
拉鍊上
以兩股縫線
以回針縫
組裝提把
5號繡線40cm
穿入中間後打結
左手
右手
茶色2條
綠色2條
左手不動
右手繞80圈之後
捻線
將雙手合併
扭成紙捻狀
10
將中心打結
10
纏繞後打結固定
17
4
25

六角形摺花支架口金包&珍珠蛙嘴小錢包

最近這款兼具便利與可愛性的副材料，
選擇性可是越來越多了呢！
所以我試著創作支架口金包，
與充滿復古風情的蛙嘴小錢包。
由於有各種不同的尺寸，
因此更能增添創作的樂趣喲！

23
24
Theodor Fontane EFFI BRIEST
JAHRBUCH

HOW TO MAKE P.50

HOW TO MAKE P.51

支架口金能使袋口大幅敞開，
因此使用起來更為便利。

點綴上珍珠後，瞬間流露出俏皮感。

Sue
HOW TO MAKE
P.52
26
25
HOW TO MAKE
P.53

蘇姑娘咖啡杯&貓頭鷹造型零錢包

咖啡杯裡的蘇姑娘正在採花。
將幸福的象徵——貓頭鷹作為零錢包。
當我外出時，
一定會帶上與拼布相關的作品出門，
特別推薦這兩款零錢包，可輕鬆收納於包包裡，
就像是護身符般陪伴著你……

後袋身。

P.48 ㉓ 六角形摺花支架口金包

材料
拼布用布（印花布／A 40片）
合計40×25cm
表布（條紋布）45×35cm
長度25cm的拉鍊　1條
10cm的支架口金　1組
鋪棉　25×35cm
直徑1.8cm的包釦　4顆

※原寸紙型請見P.78。

作法

1 縫上圓珠，並與袋底、後袋身表布縫合，完成表布製作。將鋪棉與另一片表布疊放後，縫合側身，翻至正面，再進行壓線。

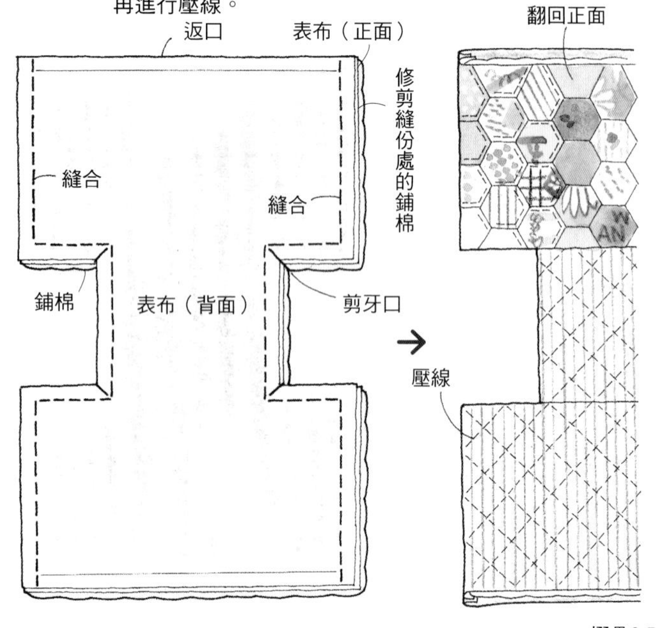

返口
表布（正面）
修剪縫份處的鋪棉
縫合
縫合
鋪棉
表布（背面）
剪牙口
翻回正面
壓線

2 車縫側身與底角。於袋口處三摺邊後，縫上口布，再將口布翻至正面，以藏針縫固定於袋身。

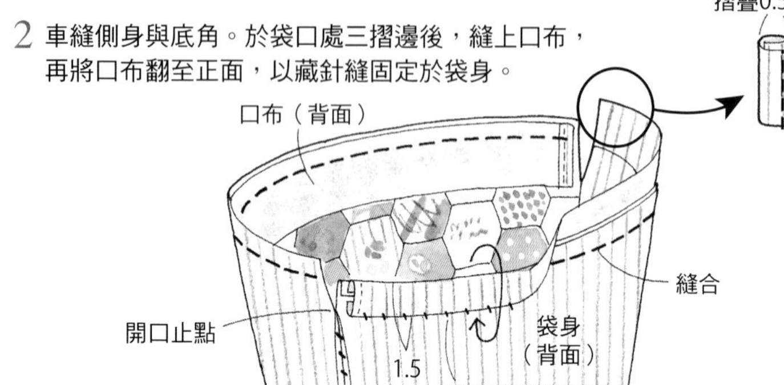

摺疊0.5cm
口布（背面）
縫合
開口止點
袋身（背面）
1.5
將口布翻至正面以藏針縫固定
捲針縫
縫合側身
車縫底角

裁布圖

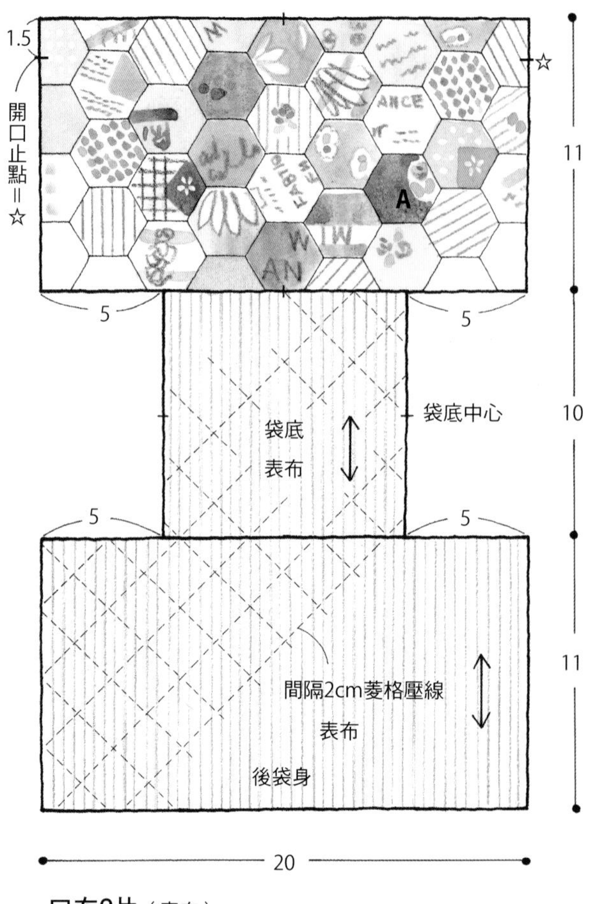

袋身1片（表布・鋪棉・裡布）
中心
1.5
開口止點＝☆
☆
A
11
5
5
袋底
表布
袋底中心
10
5
5
間隔2cm菱格壓線
表布
後袋身
11
20

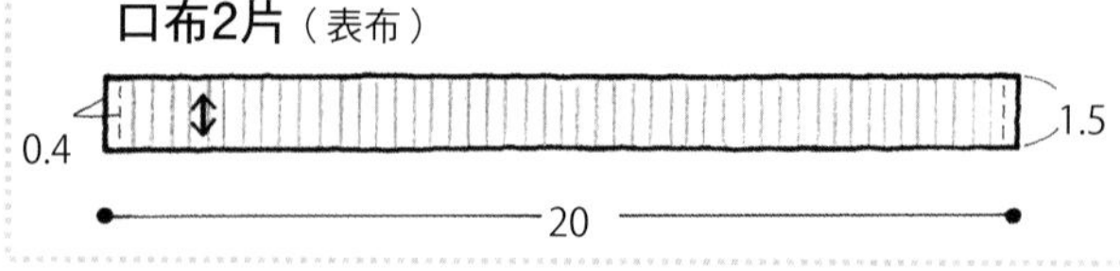

口布2片（表布）
0.4
1.5
20

3 將拉鍊組裝至袋身上，並固定拉鍊裝飾（請見P.96）。

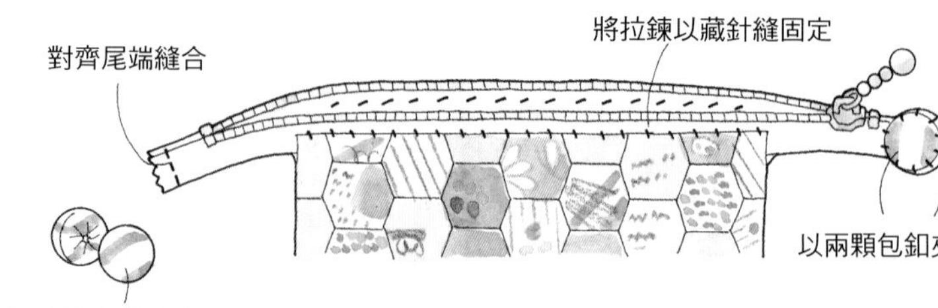

對齊尾端縫合
將拉鍊以藏針縫固定
以兩顆包釦夾住
以布片包覆的包釦

4 將支架口金穿入口布內。

完成尺寸

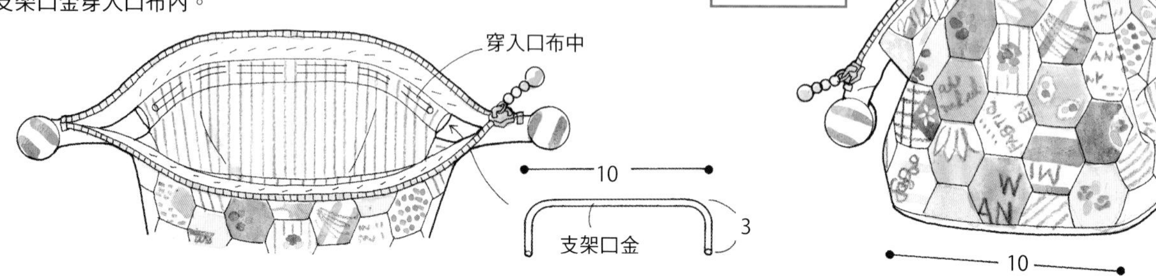

穿入口布中
10
3
支架口金
11
10
10

P.48 ㉔ 珍珠蛙嘴小錢包

※原寸紙型請見P.78。
※珍珠是使用1.4cm的劃線紙型板縫製。

材料
拼布用布
（印花布／A 66片）合計40×35cm
鋪棉　35×15cm
裡布（印花布）35×15cm
寬10cm、高5cm的蛙嘴式口金　1個
直徑0.3cm的珍珠　約45顆（前袋身）

使用的口金

作法

1 縫上珍珠，製作表布。

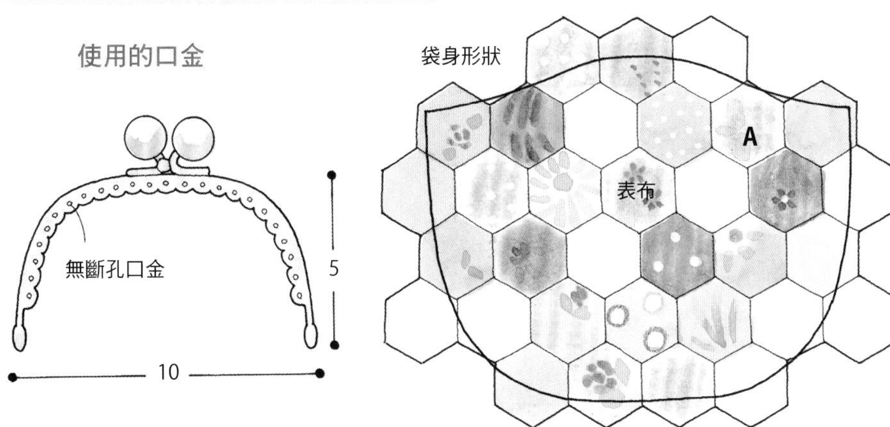

無斷孔口金
5
10
袋身形狀
A
表布

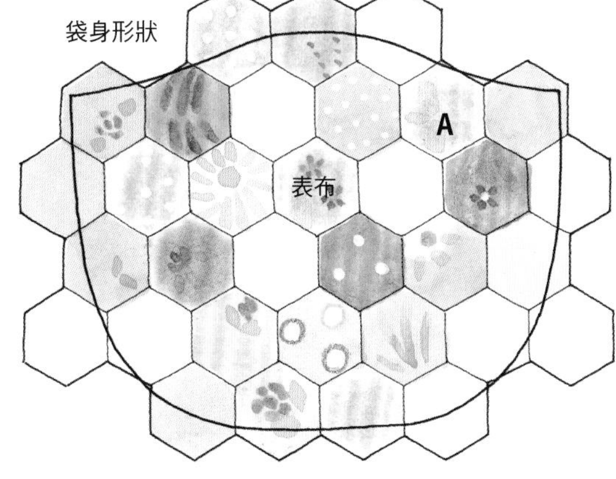

劃線紙型板的用法

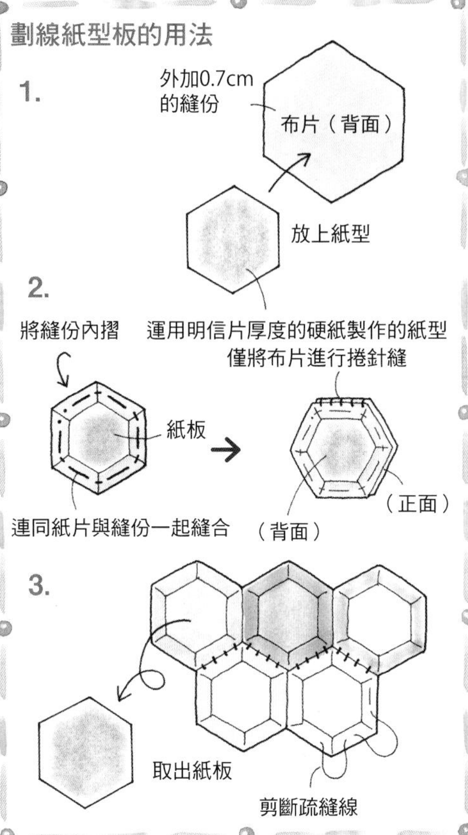

1.
外加0.7cm
的縫份
布片（背面）
放上紙型
2.
將縫份內摺
運用明信片厚度的硬紙製作的紙型
僅將布片進行捲針縫
紙板
連同紙片與縫份一起縫合
（正面）
（背面）
3.
取出紙板
剪斷疏縫線

2 將表布、鋪棉與裡布疊放之後，縫合周圍。

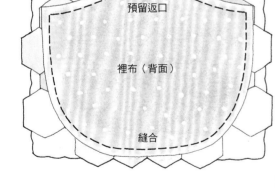

表布（正面）
粗略地裁剪鋪棉
預留返口
裡布（背面）
縫合

3 預留縫份0.7cm後，修剪多餘縫份，並翻至正面壓線。完成後再車縫褶襉。

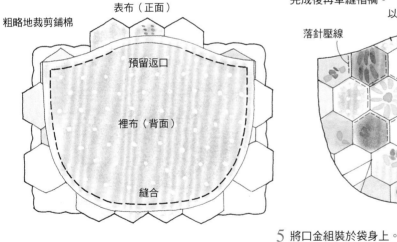

以藏針縫縫合返口
落針壓線
將珍珠縫於布片的轉角上
袋身（背面）
裡布
藏針縫
縫合
共製作兩組

4 將袋身對齊後，縫合周圍。

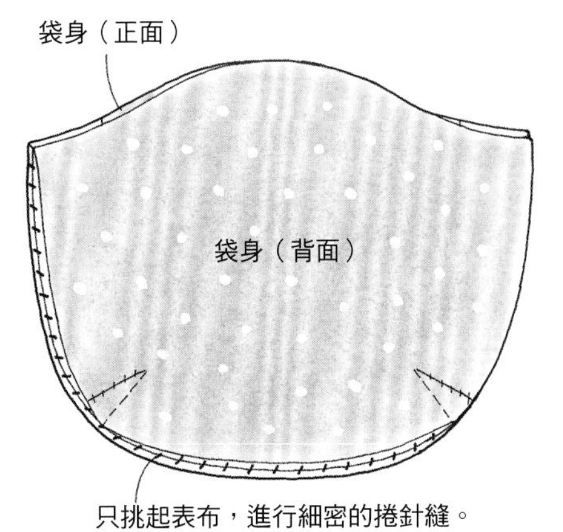

袋身（正面）
袋身（背面）
只挑起表布，進行細密的捲針縫。

5 將口金組裝於袋身上。

對齊中心後
將縫針插入袋身
打開口金
取兩股縫線進行回針縫
中心
於內側出線
袋身（背面）

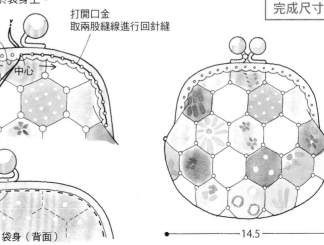

完成尺寸

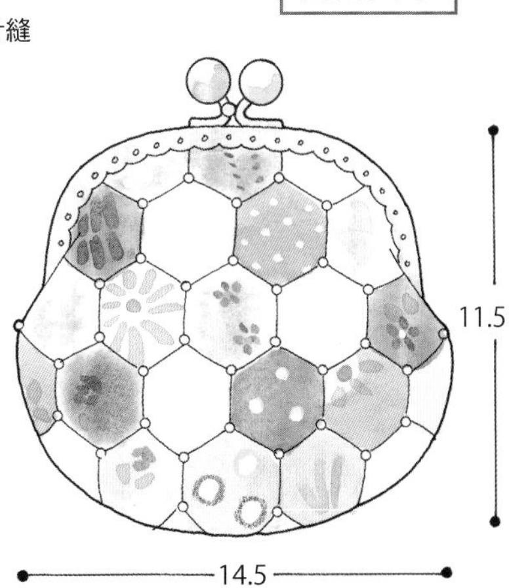

11.5
14.5

P.49 ㉖ 蘇姑娘咖啡杯造型零錢包

材料
拼布用布　合計30×15cm
貼布縫用布　適量
表布（粉紅色）20×25cm
配色布（淺駝色）20×10cm
鋪棉　40×25cm
裡布（印花布）40×20cm
長度18cm的拉鍊　1條
25號繡線
（紅色、綠色、水藍色、茶色、段染）

※原寸紙型請見P.78。

作法

1 縫上圓珠，縫製表布。疊放鋪棉與裡布後，縫合周圍。

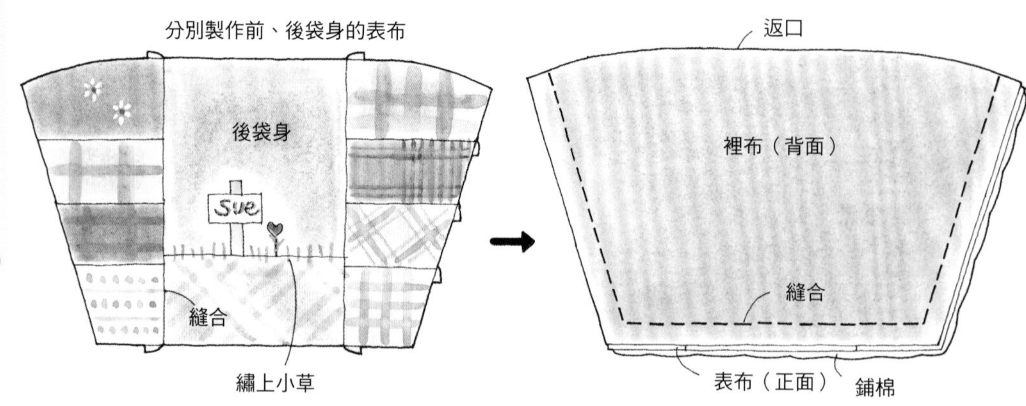
分別製作前、後袋身的表布
後袋身
Sue
縫合
繡上小草
返口
裡布（背面）
縫合
表布（正面）
鋪棉

2 翻至正面，進行壓線與刺繡。

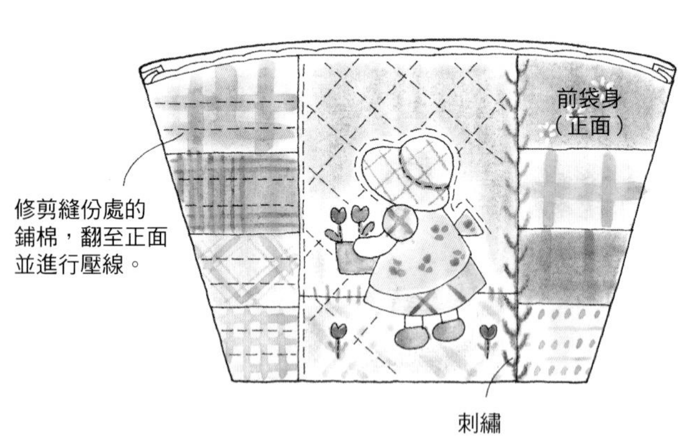
前袋身（正面）
修剪縫份處的鋪棉，翻至正面並進行壓線。
刺繡

3 縫合袋底周圍後，翻至正面，進行壓線。

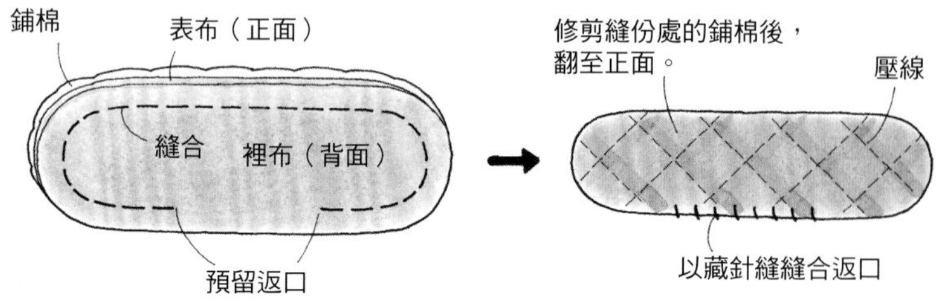
鋪棉
表布（正面）
縫合
裡布（背面）
預留返口
修剪縫份處的鋪棉後，翻至正面。
壓線
以藏針縫縫合返口

4 以鋪棉製作內襯，並以提把用布包捲縫合。

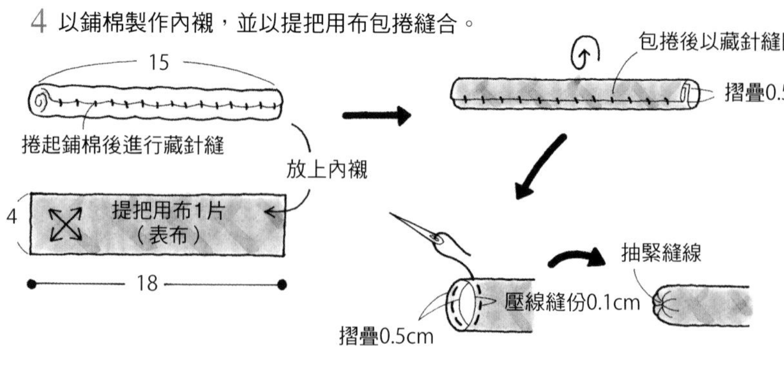
15
捲起鋪棉後進行藏針縫
包捲後以藏針縫固
摺疊0.5c
放上內襯
4
提把用布1片（表布）
18
抽緊縫線
壓線縫份0.1cm
摺疊0.5cm

5 對齊前、後袋身，夾入提把後，縫合側身固定。組裝袋身與袋底。

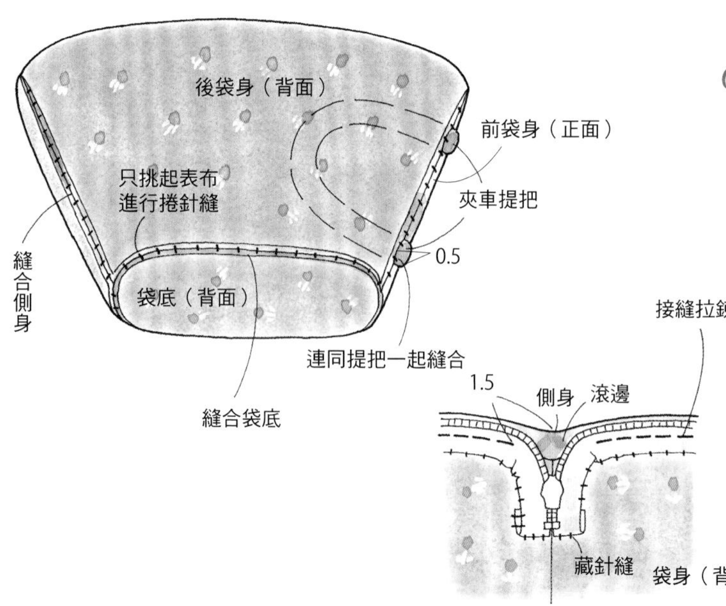
後袋身（背面）
前袋身（正面）
只挑起表布進行捲針縫
夾車提把
0.5
縫合側身
袋底（背面）
連同提把一起縫合
縫合袋底

6 於袋口進行滾邊，接縫拉鍊。完成後再組裝拉鍊裝飾（請見P.96）。

18
完成尺寸
以直徑4cm的布片縫製裝飾
11
接縫拉鍊
1.5
側身
滾邊
藏針縫
袋身（背面）

P.49 ㉕ 貓頭鷹造型零錢包

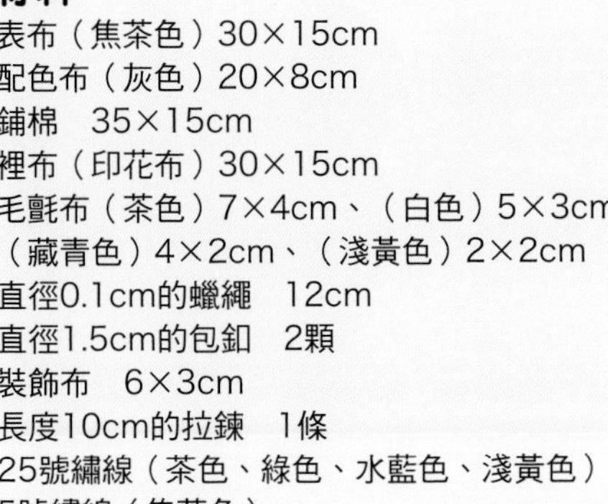

材料

表布（焦茶色）30×15cm
配色布（灰色）20×8cm
鋪棉　35×15cm
裡布（印花布）30×15cm
毛氈布（茶色）7×4cm、（白色）5×3cm
（藏青色）4×2cm、（淺黃色）2×2cm
直徑0.1cm的蠟繩　12cm
直徑1.5cm的包釦　2顆
裝飾布　6×3cm
長度10cm的拉鍊　1條
25號繡線（茶色、綠色、水藍色、淺黃色）
5號繡線（焦茶色）

作法

1 將表布、鋪棉與裡布疊放之後，縫合周圍。
翻至正面，進行壓線，並製作眼睛、鳥喙貼布縫。

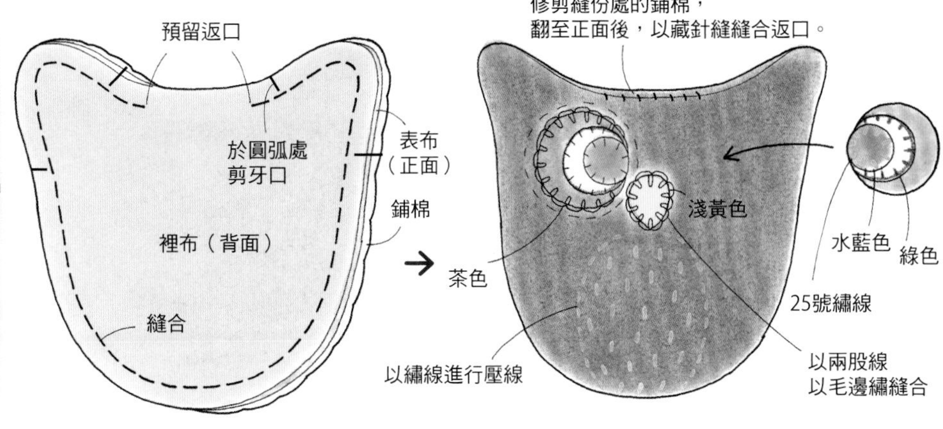

預留返口
於圓弧處
剪牙口
表布
（正面）
鋪棉
裡布（背面）
縫合
修剪縫份處的鋪棉，
翻至正面後，以藏針縫縫合返口。
淺黃色
水藍色
綠色
茶色
25號繡線
以繡線進行壓線
以兩股線
以毛邊繡縫合

2 後袋身上、下進行壓線，並組裝拉鍊。

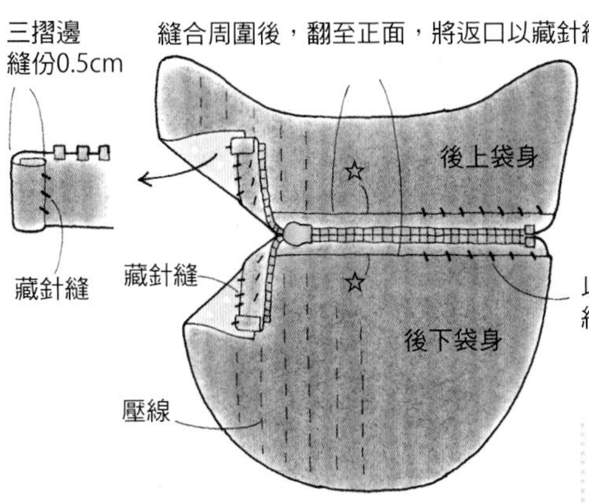

三摺邊
縫份0.5cm
縫合周圍後，翻至正面，將返口以藏針縫縫合。
後上袋身
藏針縫
藏針縫
以藏針縫
組裝拉鍊
後下袋身
壓線

3 對齊前、後袋身，並縫合周圍。

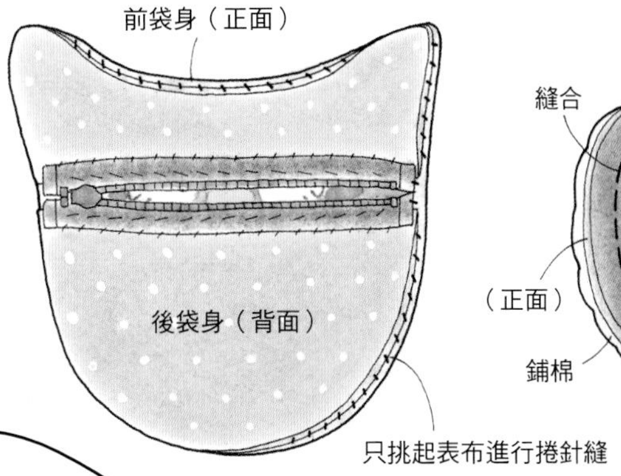

前袋身（正面）
後袋身（背面）
只挑起表布進行捲針縫

4 組裝翅膀，並進行刺繡。

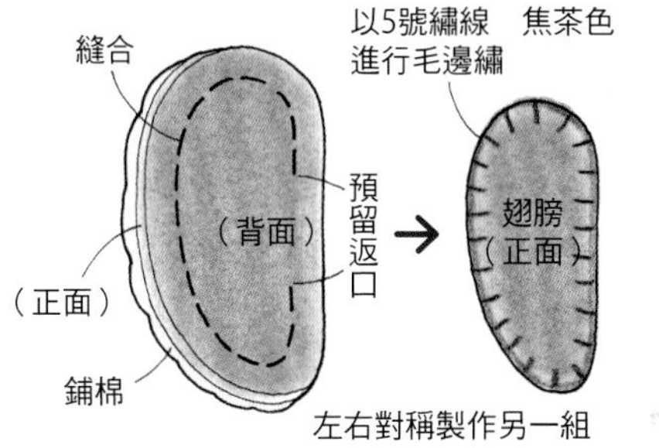

縫合
以5號繡線　焦茶色
進行毛邊繡
預留返口
（背面）
（正面）
鋪棉
翅膀（正面）
左右對稱製作另一組

5 將裝飾組裝於拉鍊上
（請見P.96）。

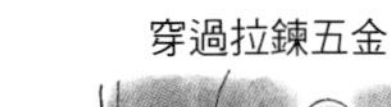

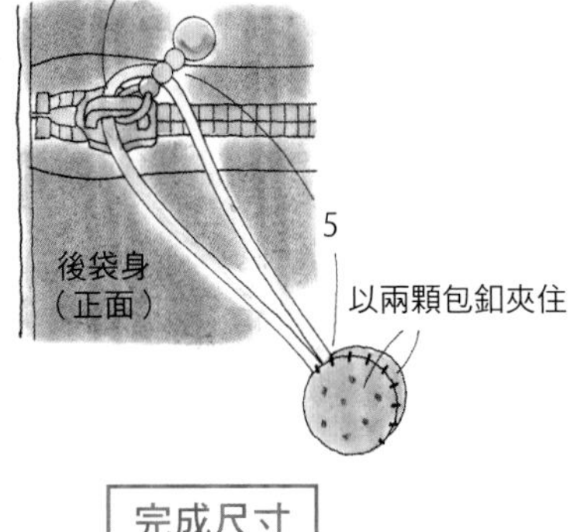

穿過拉鍊五金
5
後袋身
（正面）
以兩顆包釦夾住

完成尺寸

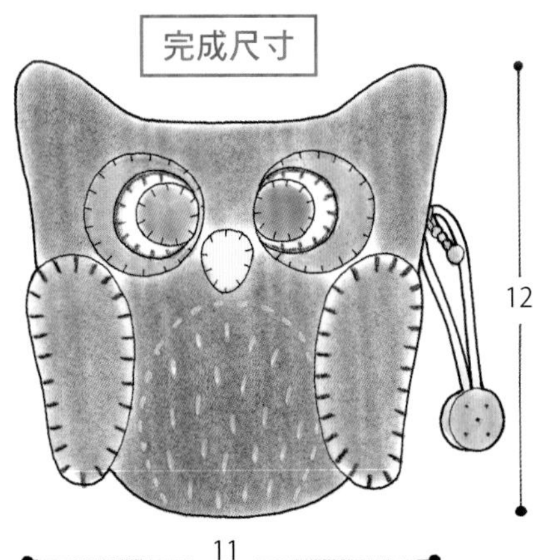

12
11

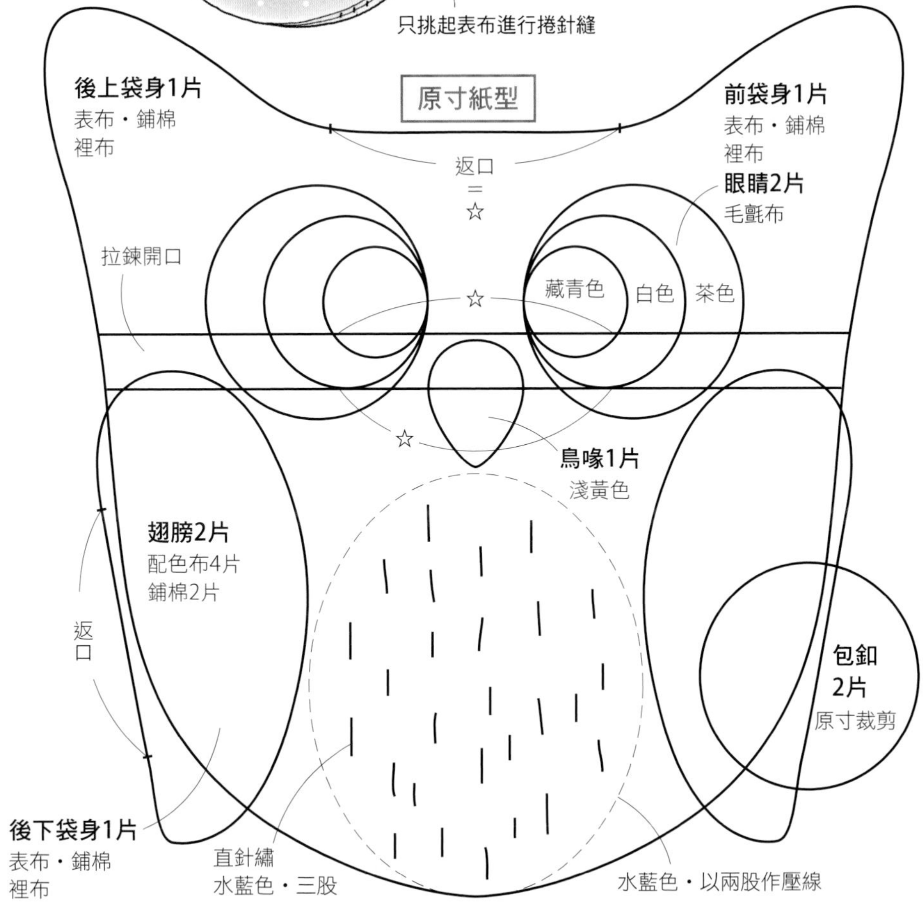

原寸紙型

後上袋身1片
表布・鋪棉
裡布

前袋身1片
表布・鋪棉
裡布

返口
＝
☆

眼睛2片
毛氈布

拉鍊開口

藏青色　白色　茶色

鳥喙1片
淺黃色

翅膀2片
配色布4片
鋪棉2片

返口

包釦
2片
原寸裁剪

後下袋身1片
表布・鋪棉
裡布

直針繡
水藍色・三股

水藍色・以兩股作壓線

針線盒組

針線盒對拼布人而言，是如同性命一樣的重要之物。
無論什麼時候，只要擁有針線盒，不管身在何處，似乎都能生存下去。
這是我由衷地想向喜愛裁縫的各位加油打氣，並且表達心意所誕生的作品。

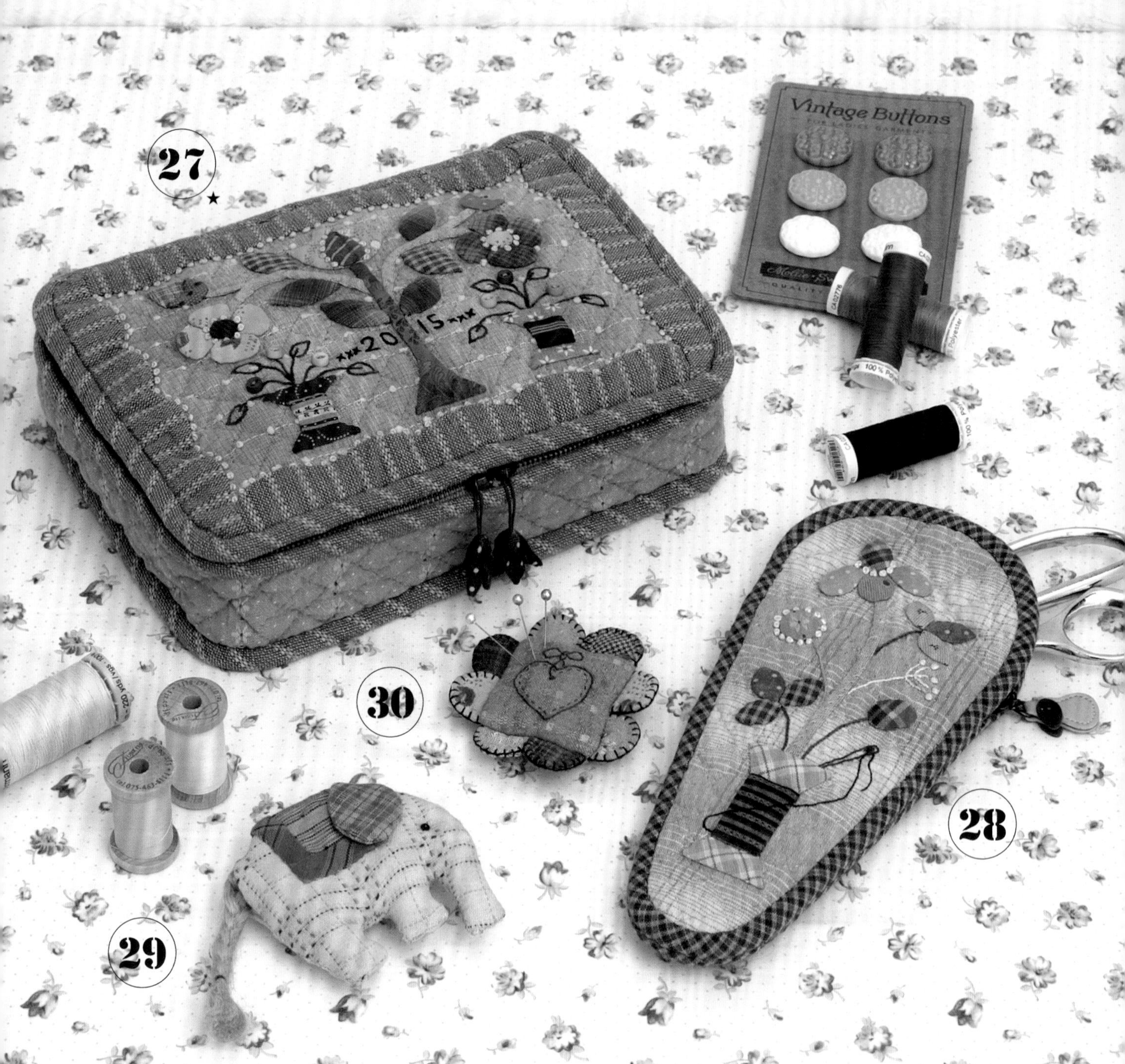
27★
Vintage Buttons
28
29
30

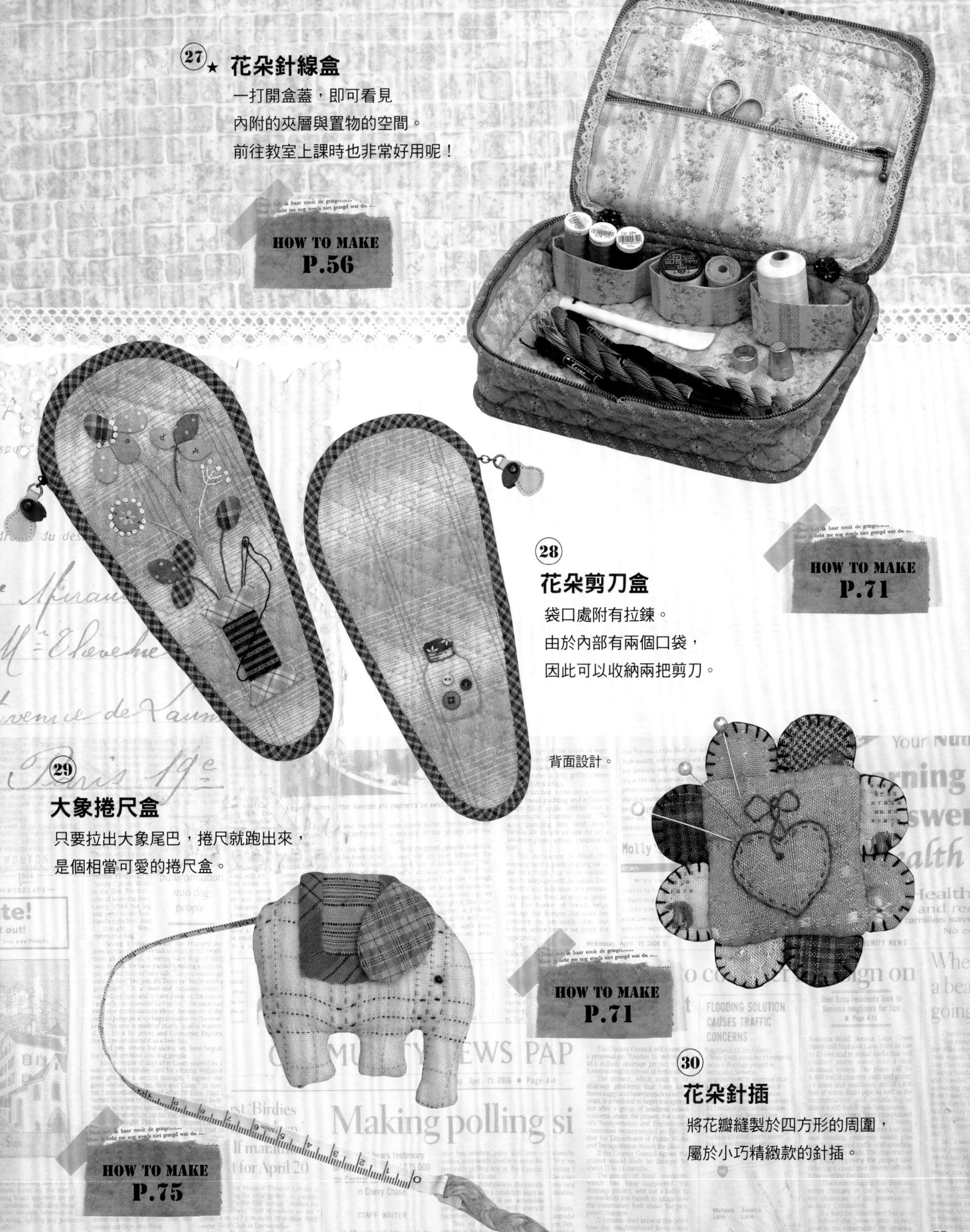

27★ 花朵針線盒

一打開盒蓋，即可看見
內附的夾層與置物的空間。
前往教室上課時也非常好用呢！

HOW TO MAKE P.56

28 花朵剪刀盒

袋口處附有拉鍊。
由於內部有兩個口袋，
因此可以收納兩把剪刀。

HOW TO MAKE P.71

背面設計。

29 大象捲尺盒

只要拉出大象尾巴，捲尺就跑出來，
是個相當可愛的捲尺盒。

HOW TO MAKE P.75

HOW TO MAKE P.71

30 花朵針插

將花瓣縫製於四方形的周圍，
屬於小巧精緻款的針插。

P.54 ㉗ 花朵針線盒

材料
貼布縫用布　適量
表布（茶色條紋布）60×40cm
配色布a（橘色）25×20cm
配色布b（水藍色）110×20cm
裝飾布、YOYO布　12×10cm
鋪棉　100×30cm
裡布（印花布）100×80cm
布襯（薄）50×15cm
手縫蠟線（原色）
25號繡線（茶色、焦茶色）
直徑0.1cm的蠟繩　15cm
長度28cm的拉鍊　2條
長度22cm的拉鍊　1條
直徑0.6cm的鈕釦　6顆
寬度1cm的蕾絲　60cm

※原寸紙型請見P.93。

裁布圖

上蓋布1片（表布・鋪棉・裡布）

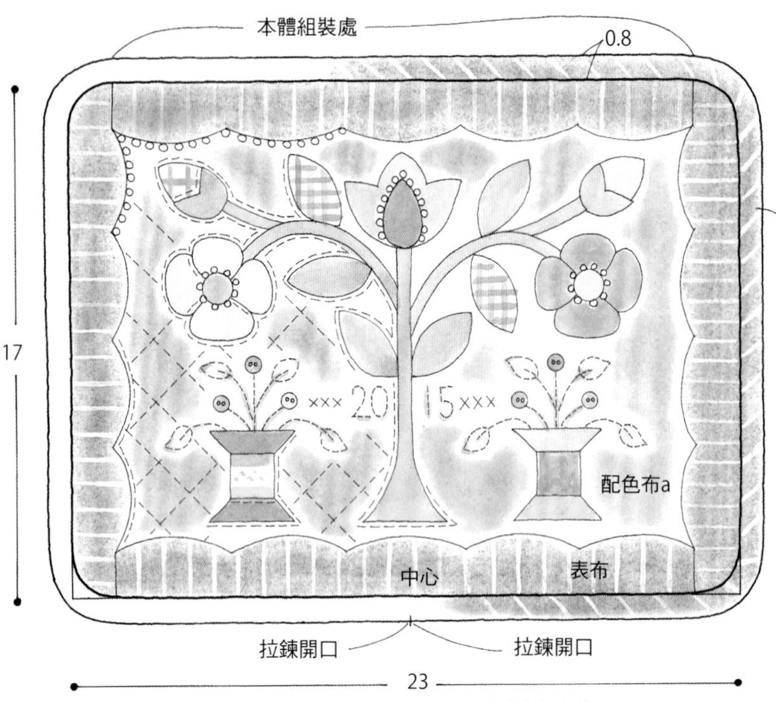
本體組裝處
0.8
滾邊
17
配色布a
中心
表布
拉鍊開口
拉鍊開口
23

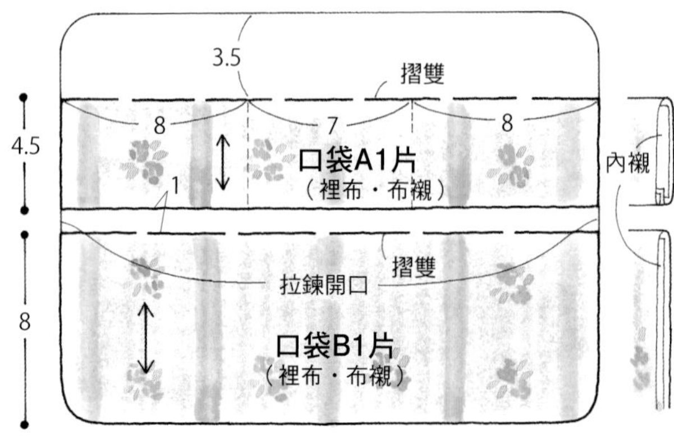
3.5
摺雙
4.5
8
7
8
口袋A1片
（裡布・布襯）
1
內襯
摺雙
拉鍊開口
8
口袋B1片
（裡布・布襯）

袋底1片（配色布b・鋪棉・裡布）

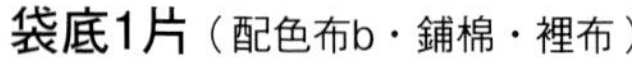

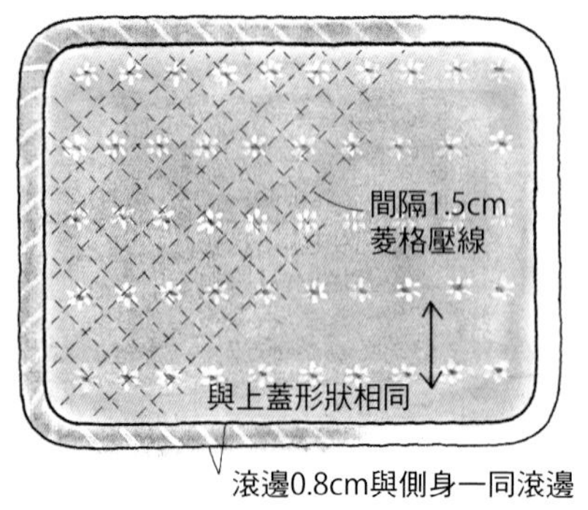
間隔1.5cm
菱格壓線
與上蓋形狀相同
滾邊0.8cm與側身一同滾邊

夾層布1片（裡布・布襯）

摺雙
4
12
12
內襯
36

側面1片（配色布b・鋪棉・裡布）

滾邊0.8cm
4.5
間隔1.5cm菱格壓線
滾邊0.8cm與袋底一同滾邊
77.4

作法

1 於上蓋布製作貼布縫。疊放鋪棉與裡布後，再進行壓線。

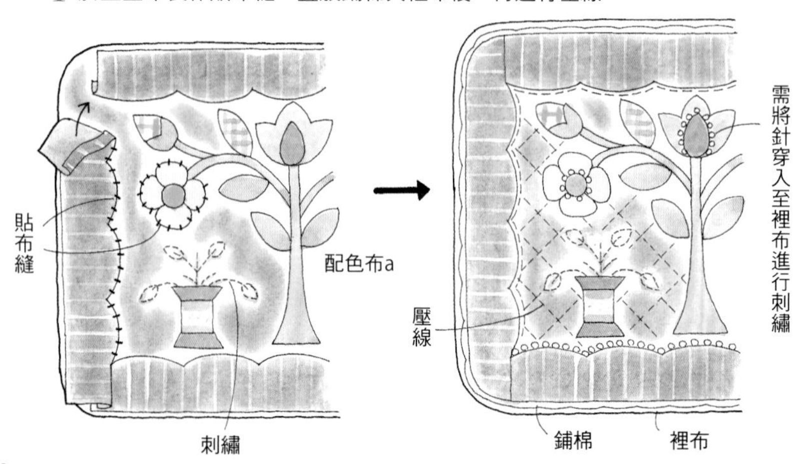
貼布縫
配色布a
刺繡
需將針穿入至裡布進行刺繡
壓線
鋪棉
裡布

2 縫製口袋A，翻至正面後再接縫拉鍊。
將口袋B對摺後，組裝拉練。

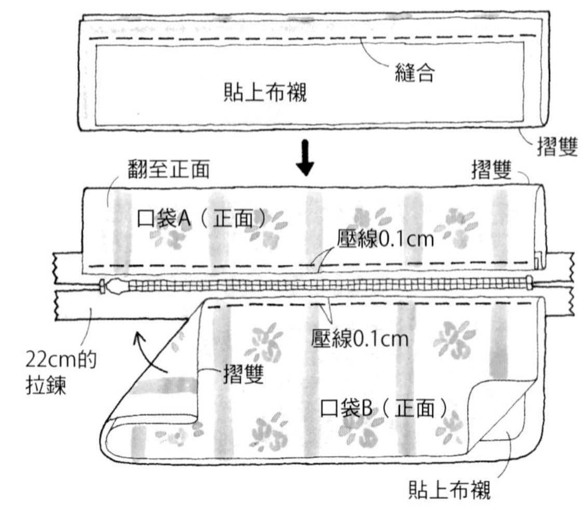
縫合
貼上布襯
摺雙
翻至正面
摺雙
口袋A（正面）
壓線0.1cm
壓線0.1cm
22cm的拉鍊
摺雙
口袋B（正面）
貼上布襯

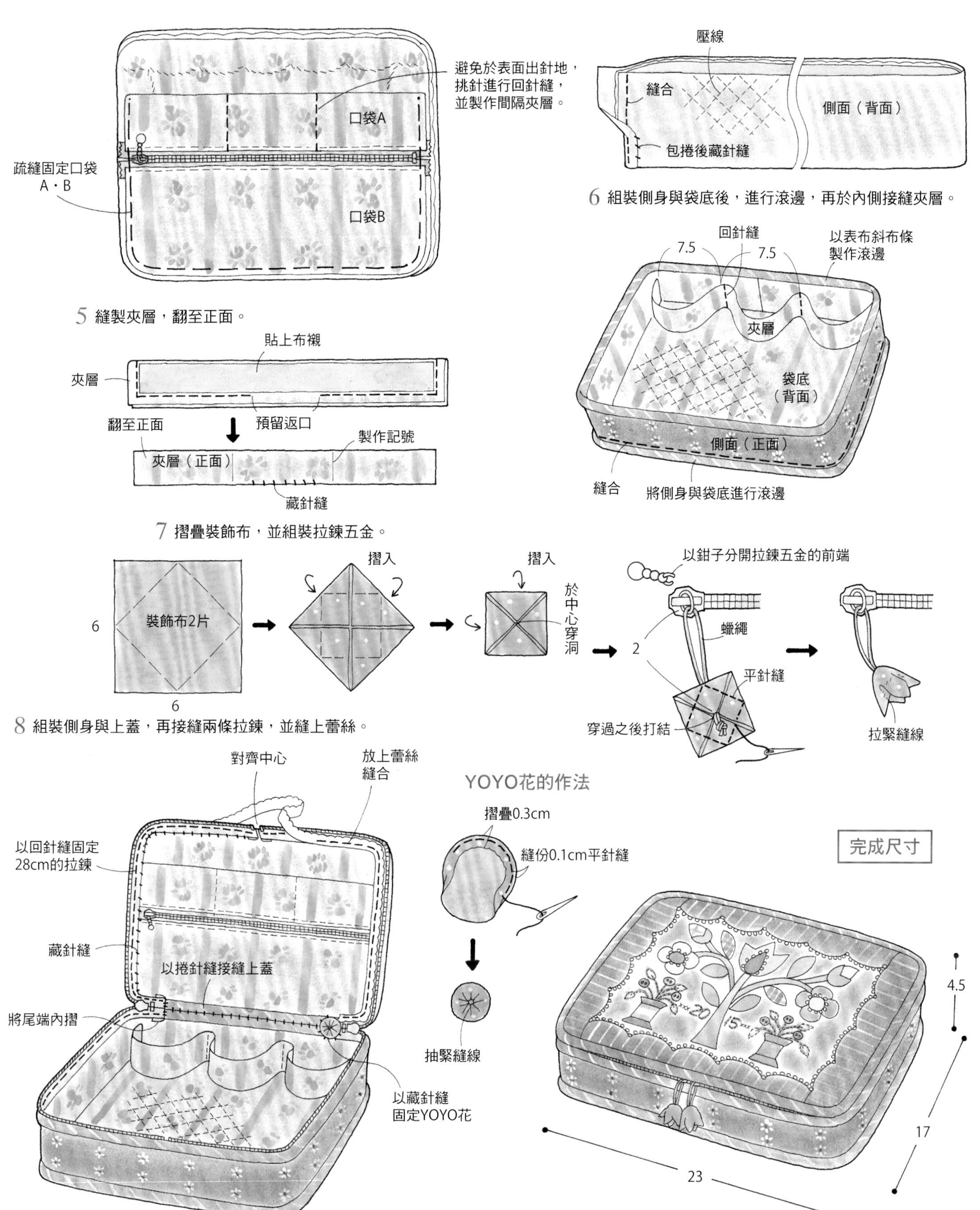

3 將口袋疊放於上蓋的背面後，縫合周圍。
避免於表面出針地，
挑針進行回針縫，
並製作間隔夾層。
口袋A
疏縫固定口袋
A・B
口袋B
4 側身壓線後再進行縫合。
壓線
縫合
側面（背面）
包捲後藏針縫
6 組裝側身與袋底後，進行滾邊，再於內側接縫夾層。
回針縫
7.5
7.5
以表布斜布條
製作滾邊
夾層
袋底
（背面）
側面（正面）
縫合
將側身與袋底進行滾邊
5 縫製夾層，翻至正面。
貼上布襯
夾層
預留返口
翻至正面
製作記號
夾層（正面）
藏針縫
7 摺疊裝飾布，並組裝拉鍊五金。
摺入
摺入
6
裝飾布2片
6
於中心穿洞
以鉗子分開拉鍊五金的前端
蠟繩
2
平針縫
穿過之後打結
拉緊縫線
8 組裝側身與上蓋，再接縫兩條拉鍊，並縫上蕾絲。
對齊中心
放上蕾絲
縫合
以回針縫固定
28cm的拉鍊
藏針縫
以捲針縫接縫上蓋
將尾端內摺
以藏針縫
固定YOYO花
YOYO花的作法
摺疊0.3cm
縫份0.1cm平針縫
抽緊縫線
完成尺寸
4.5
17
23

雜物盒&杯墊

既可愛又美麗的顏色，
隨心所欲地使用我自己喜愛的布片，
轉身即創作出繽紛多彩的花朵。
不妨將他們拼縫在一起，作成雜物盒；
或是各自分開來，作為杯墊使用。
懷著愉悅的心情創作，讓人不禁忘了時間。

小鳥飾品／AWABEES

HOW TO MAKE
P.77

31

拆下紅色的提把，即可成為市售置物籃的外罩。

各自分開，可作為杯墊使用。

32

33★

綿羊&房屋框畫

全身毛絨絨的可愛綿羊，
是我喜愛的圖案之一。
裝入畫框裡，即可成為室內的家飾用品。

HOW TO MAKE
P.61

四片窗框畫

34

將心中勾勒出的風景作成貼布縫，裝入有著四片窗格的畫框裡。
每當凝視的時候，就會感到一股溫馨的平靜，內心也跟著暖和了起來。

HOW TO MAKE
P.60

P.59 ㉞ 四片窗框畫

材料

貼布縫用布、背景布 適量
鋪棉　20×20cm
裡布（白色）20×20cm
25號繡線　各色
內寸7.5cm的4格畫框

作法

1 於背景布上製作貼布縫與刺繡。
2 將鋪棉與裡布疊放後，進行壓線。共縫製四片。
3 分別將框板包捲後，再裝入畫框內。

原寸紙型

羊臉／緞面繡・茶色・一股
羊耳／雛菊繡・茶色・一股
羊腳／直針繡・茶色・一股
樹幹／輪廓繡・茶色・兩股
枝椏／直針繡・綠色・一股
花朵／法國結粒繡・橘色、淺駝色・一股
葉子／直針繡・綠色・一股

直針繡 水藍色・兩股
直針繡 橘色・兩股
直針繡・原色・兩股

蘇姑娘的帽子（粉紅色）、手提袋（藍色）／毛邊繡・一股
屋頂（藍色）、道路（茶色）／毛邊繡・茶色・兩股
手提袋的提把／輪廓繡・藍色・一股
樹幹／輪廓繡・茶色・兩股
花朵／法國結粒繡・橘色、淺粉紅色・一股
葉子／直針繡・綠色・一股

緞面繡 茶色・一股
直針繡・茶色・一股

葉脈／輪廓繡・綠色・一股
紅色果實的枝條／輪廓繡・綠色・兩股
鳥眼／法國結粒繡・茶色・兩股
鳥喙／直針繡・黃色・兩股
腳／輪廓繡・茶色・兩股
尾羽／毛邊繡・橘色・兩股
圖案／平針繡・漸層色・一股

鳥的輪廓／毛邊繡・淺黃色・兩股
眼睛／法國結粒繡・茶色・兩股
鳥喙／直針繡・黃土色・兩股
腳／緞面繡・黃土色・兩股
柵欄／直針繡・原色・兩股

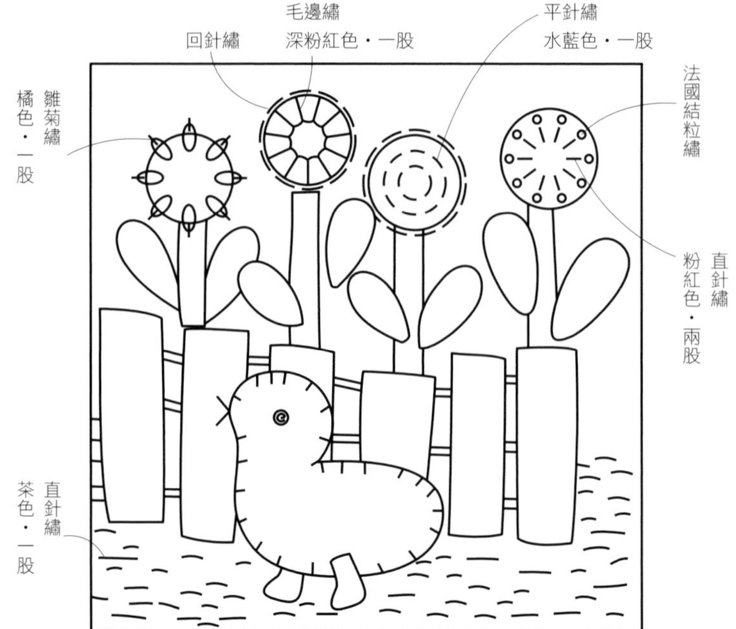

回針繡
毛邊繡 深粉紅色・一股
平針繡 水藍色・一股
雛菊繡 橘色・一股
法國結粒繡
直針繡 粉紅色・兩股
直針繡 茶色・一股

P.59 ㉝ 綿羊 & 房屋框畫

材料
貼布縫用布、背景布　適量
鋪棉　35×15cm
裡布（白色）35×15cm
25號繡線（黃色、茶色、白色、綠色）
毛線（茶色、黃綠色）
內寸30cm×10cm的畫框

原寸紙型

※綿羊為原寸裁剪。

☆

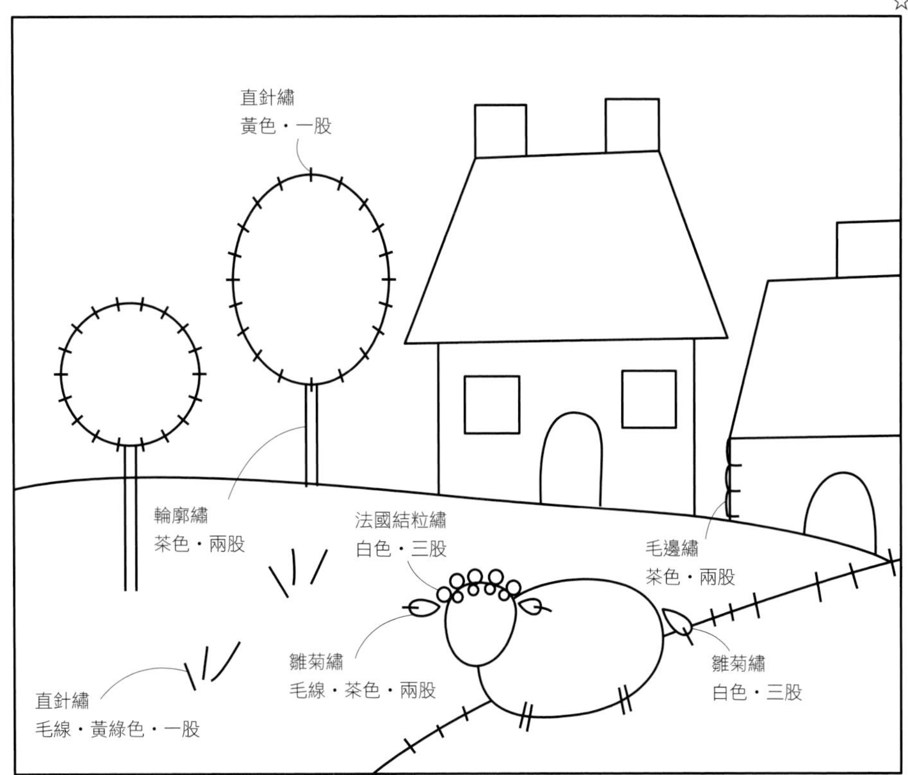

直針繡
黃色・一股
輪廓繡
茶色・兩股
法國結粒繡
白色・三股
毛邊繡
茶色・兩股
雛菊繡
毛線・茶色・兩股
雛菊繡
白色・三股
直針繡
毛線・黃綠色・一股

作法

1 於背景布上製作貼布縫與刺繡。
2 將鋪棉與裡布疊放後，進行壓線。
3 分別將框板包捲後，再裝入畫框內。

將☆與☆對齊後描繪

☆

輪廓繡
茶色・兩股

緞面繡
茶色・兩股

直針繡
茶色・兩股

直針繡
毛線・茶色
兩股

直針繡
綠色・六股

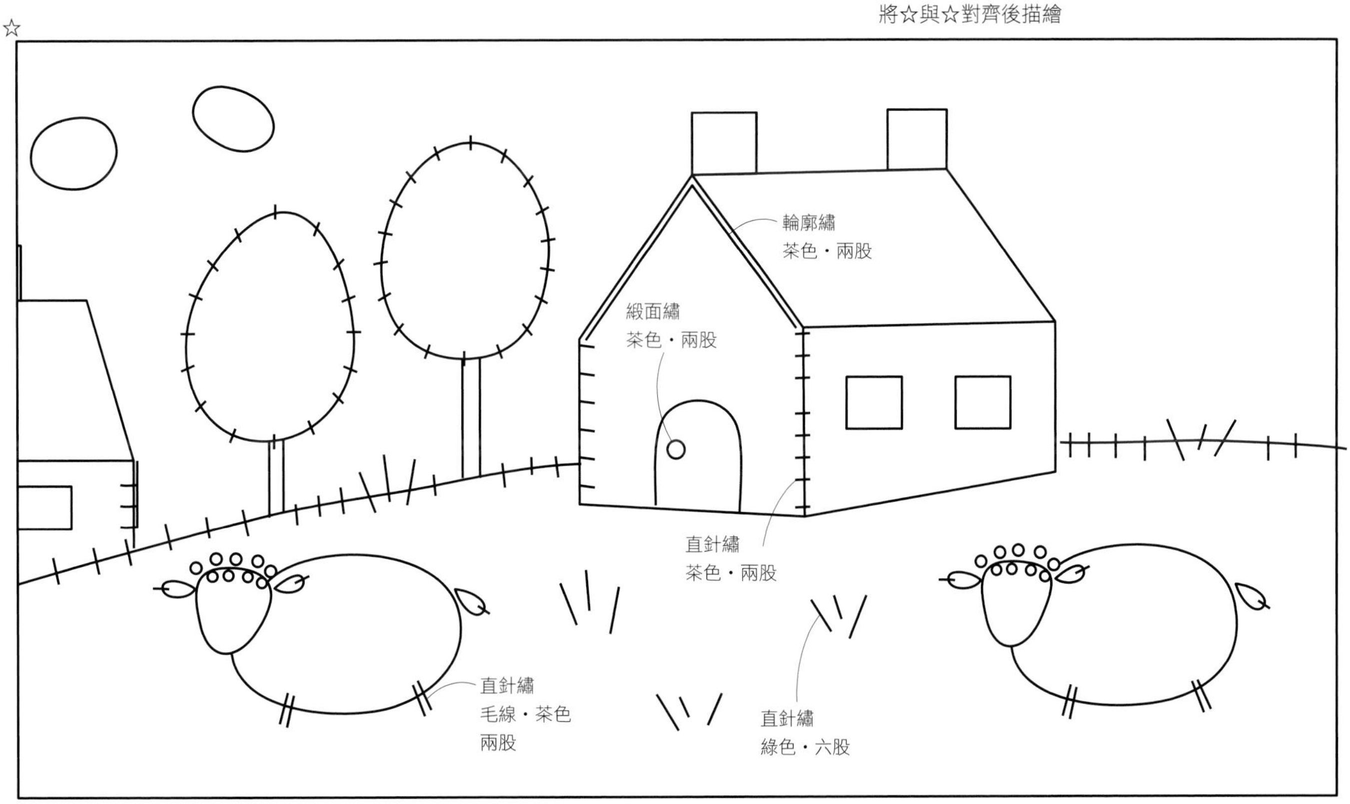

35

拼接迷你拼布の壁飾

我的夢想，就是花很多很多的時間，
縫製一件大型的拼布作品。
當我被時間追趕，難以全心投入於大型作品時，
能夠讓我感到快樂的事，就如同這件作品般，
將之前創作累積的迷你拼布彼此接縫，逐一縫製成大型的壁飾。
圖案有著無限的可能，
大家不妨也試著一股腦兒地拼縫拼布吧！

HOW TO MAKE P.68

Have a good Day
My Quilt Garden
36
Keep your life to the
Apple
HOW TO MAKE
P.76

滾邊處理後，大量製作的迷你拼布。
每一個圖案都是心中的上上之選。
依據拼縫的片數，可成為小型的拼布，
也可化身成大型的壁飾。
不妨嘗試各自分別使用，除了製作成包包的外口袋，
還能直接作為迷你地墊。
使用方式就由您來決定吧！

HOW TO MAKE P.76

37

溫暖人心の蘇姑娘拼布

溫暖人心の蘇姑娘拼布

想要看見大家在欣賞作品的瞬間，那種展露喜悅的笑容，
因而絞盡腦汁投入心血創作作品。
一直以來我之所以能保持熱情，持續創作拼布，
或許就是因為你們的存在，使我感到開心的緣故吧！
即使無法親自見面，
為了想要得到愛護我作品的各位的讚美，
於是我便創作了蘇姑娘的拼布。
By 還是像個小孩的柴田明美

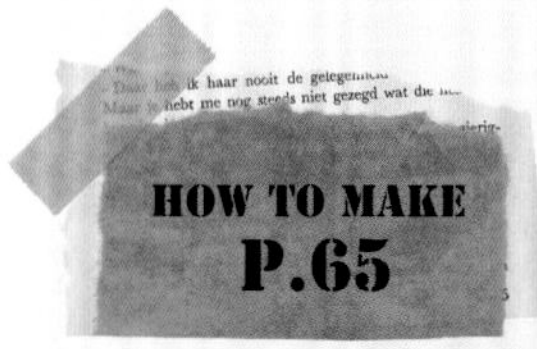
HOW TO MAKE
P.65

花籃・花／AWABEES

P.64 37 溫暖人心の蘇姑娘拼布

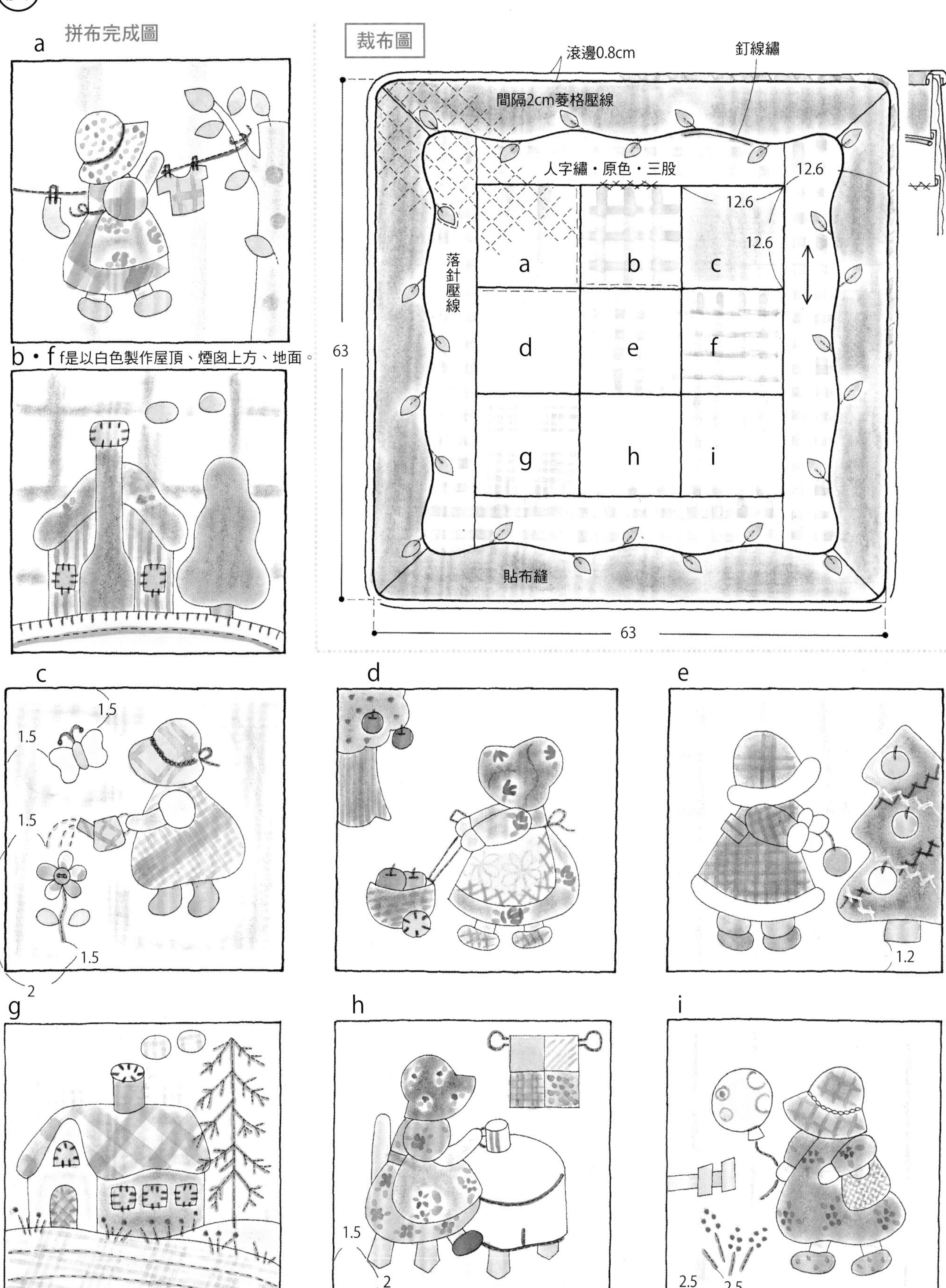

拼布完成圖
a
b・f f是以白色製作屋頂、煙囪上方、地面。
裁布圖
滾邊0.8cm
釘線繡
間隔2cm菱格壓線
人字繡・原色・三股
12.6
12.6
12.6
落針壓線
a
b
c
d
e
f
g
h
i
63
貼布縫
63
c
1.5
1.5
1.5
6
1.5
2
d
e
1.2
g
h
1.5
2
i
2.5
2.5

※除了指定處之外，刺繡皆取兩股線。

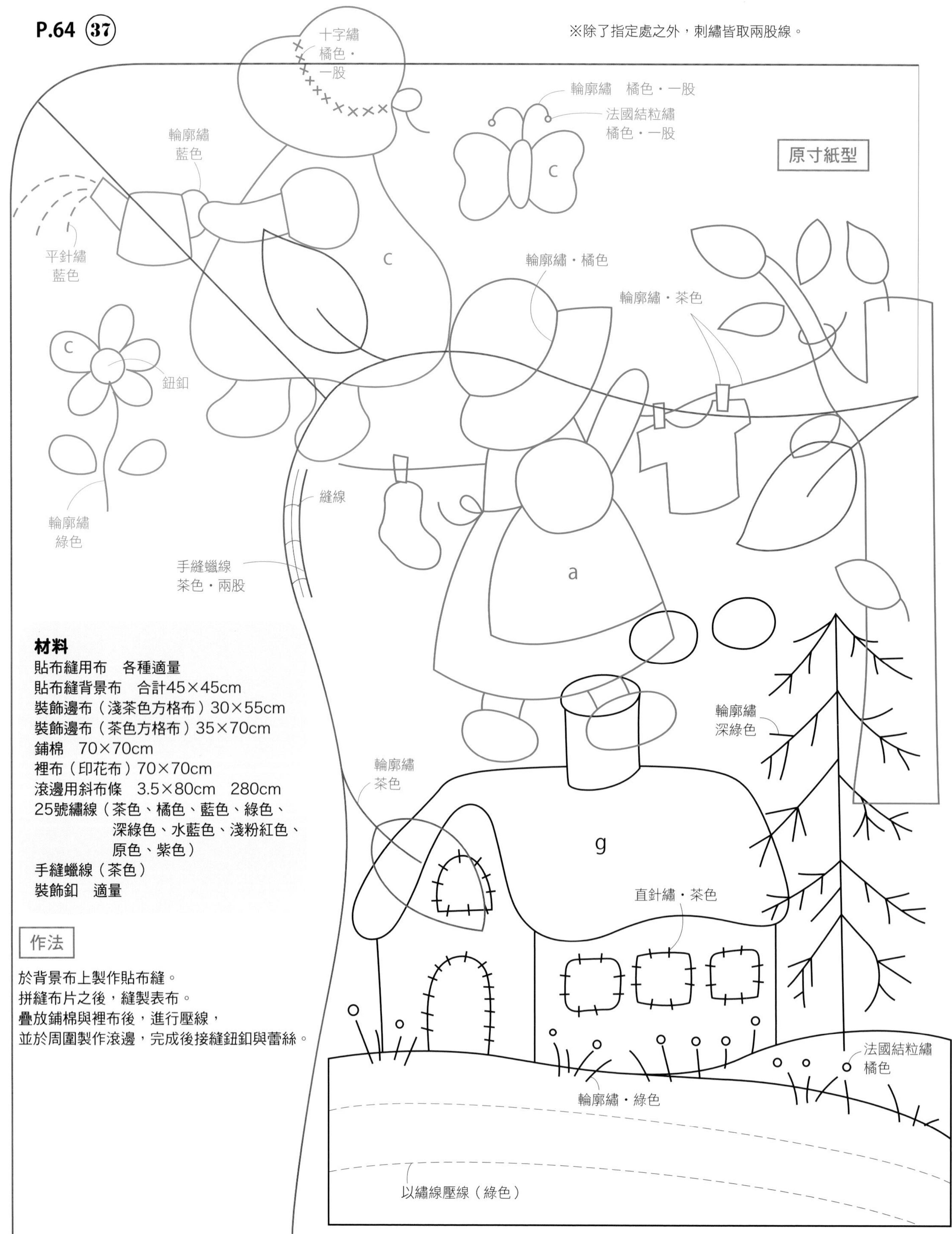

原寸紙型
十字繡
橘色・
一股
輪廓繡　橘色・一股
法國結粒繡
橘色・一股
輪廓繡
藍色
平針繡
藍色
c
鈕釦
輪廓繡
綠色
輪廓繡・橘色
輪廓繡・茶色
縫線
手縫蠟線
茶色・兩股
a
輪廓繡
深綠色
輪廓繡
茶色
g
直針繡・茶色
法國結粒繡
橘色
輪廓繡・綠色
以繡線壓線（綠色）

材料

貼布縫用布　各種適量
貼布縫背景布　合計45×45cm
裝飾邊布（淺茶色方格布）30×55cm
裝飾邊布（茶色方格布）35×70cm
鋪棉　70×70cm
裡布（印花布）70×70cm
滾邊用斜布條　3.5×80cm　280cm
25號繡線（茶色、橘色、藍色、綠色、深綠色、水藍色、淺粉紅色、原色、紫色）
手縫蠟線（茶色）
裝飾釦　適量

作法

於背景布上製作貼布縫。
拼縫布片之後，縫製表布。
疊放鋪棉與裡布後，進行壓線，
並於周圍製作滾邊，完成後接縫鈕釦與蕾絲。

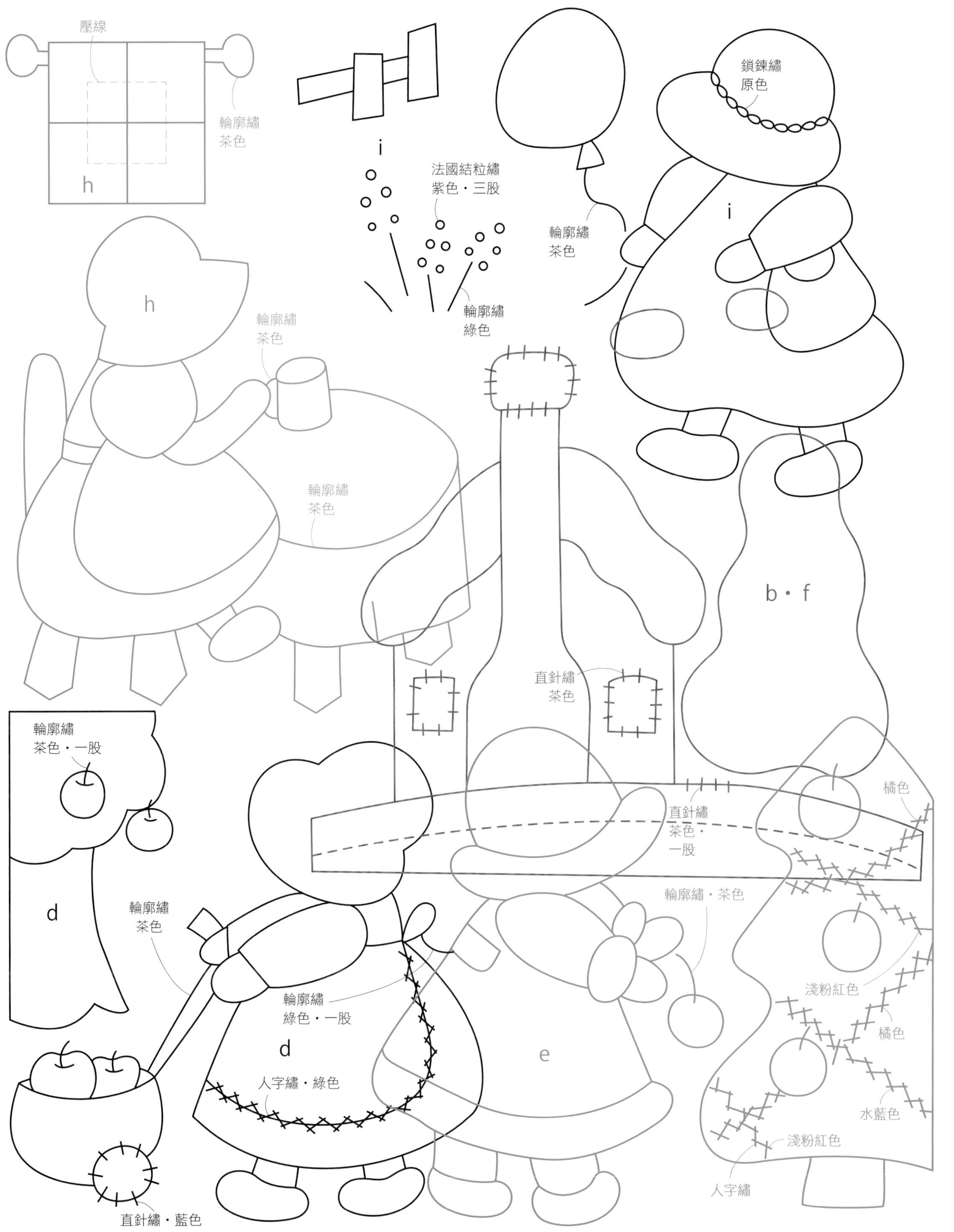
壓線
輪廓繡
茶色
h
i
法國結粒繡
紫色・三股
輪廓繡
綠色
鎖鍊繡
原色
輪廓繡
茶色
i
h
輪廓繡
茶色
輪廓繡
茶色
b・f
直針繡
茶色
輪廓繡
茶色・一股
d
直針繡
茶色・
一股
橘色
輪廓繡
茶色
輪廓繡・茶色
輪廓繡
綠色・一股
淺粉紅色
d
e
橘色
人字繡・綠色
水藍色
淺粉紅色
人字繡
直針繡・藍色

35 拼接迷你拼布の壁飾

材料（迷你拼布1片份）
拼布用布合計約　35×35cm
鋪棉　20×20cm
裡布（印花布）20×20cm
滾邊用直布條　3.5×80cm
蕾絲、鈕釦、繡線等裝飾適量

※原寸紙型請見P.79至P.83。

作法

拼縫布片、貼布縫後，分別縫製表布。
疊放鋪棉、裡布後，進行壓線。
並於周圍製作滾邊，再接縫鈕釦與蕾絲。
請以藏針縫（ㄇ字縫）拼接16片拼布。

裁布圖

本體16片
（表布・鋪棉・裡布）

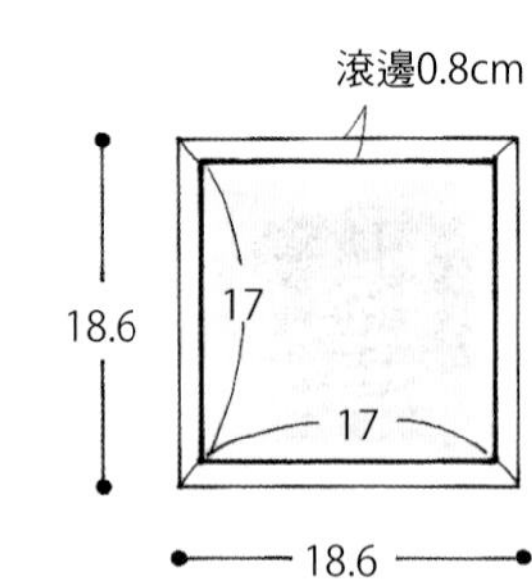
滾邊0.8cm
18.6
17
17
18.6

全體圖

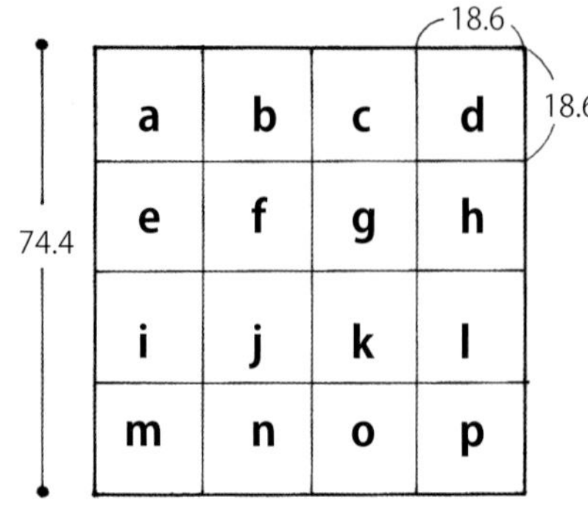
18.6
18.6
74.4
a
b
c
d
e
f
g
h
i
j
k
l
m
n
o
p
74.4

a　迷你拼布完成圖

紙型請見P.79

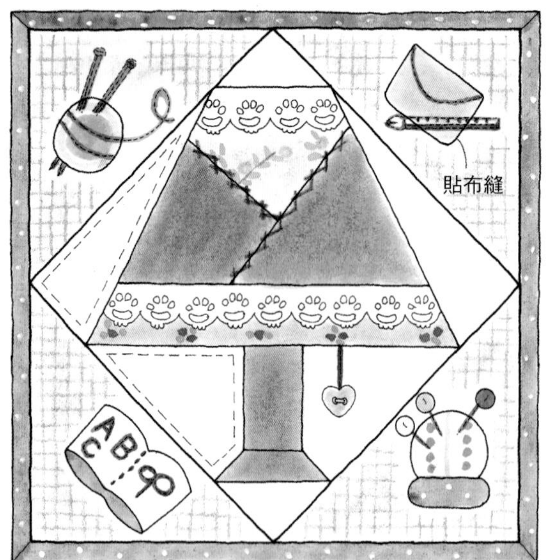
貼布縫

b

紙型請見P.79

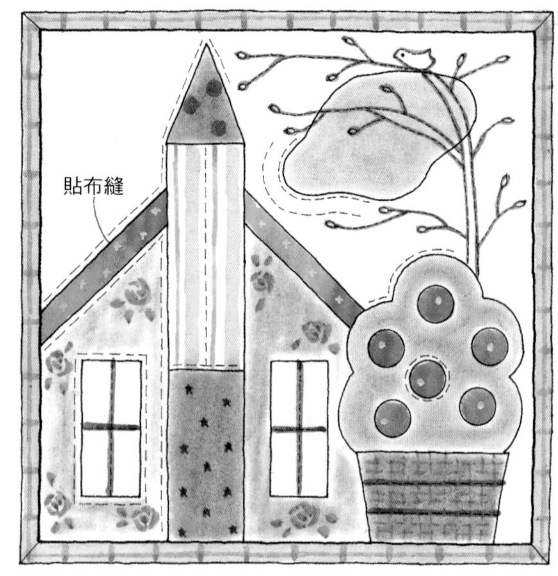
貼布縫

c　杯子的提把與咖啡壺為貼布縫　紙型請見P.80

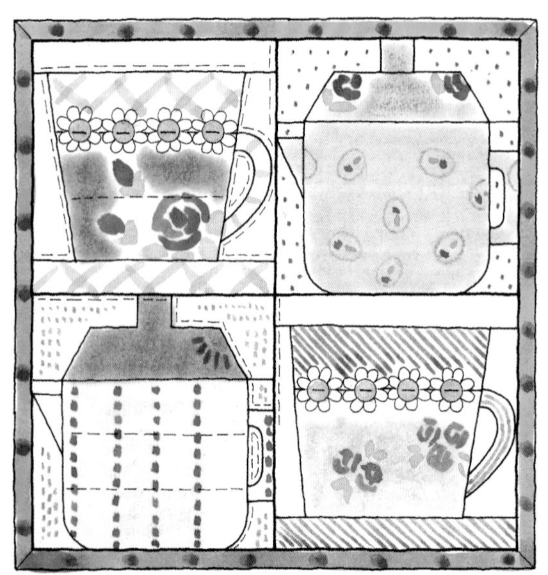

d

紙型請見P.80

1.5
貼布縫
Apple
邊緣壓線

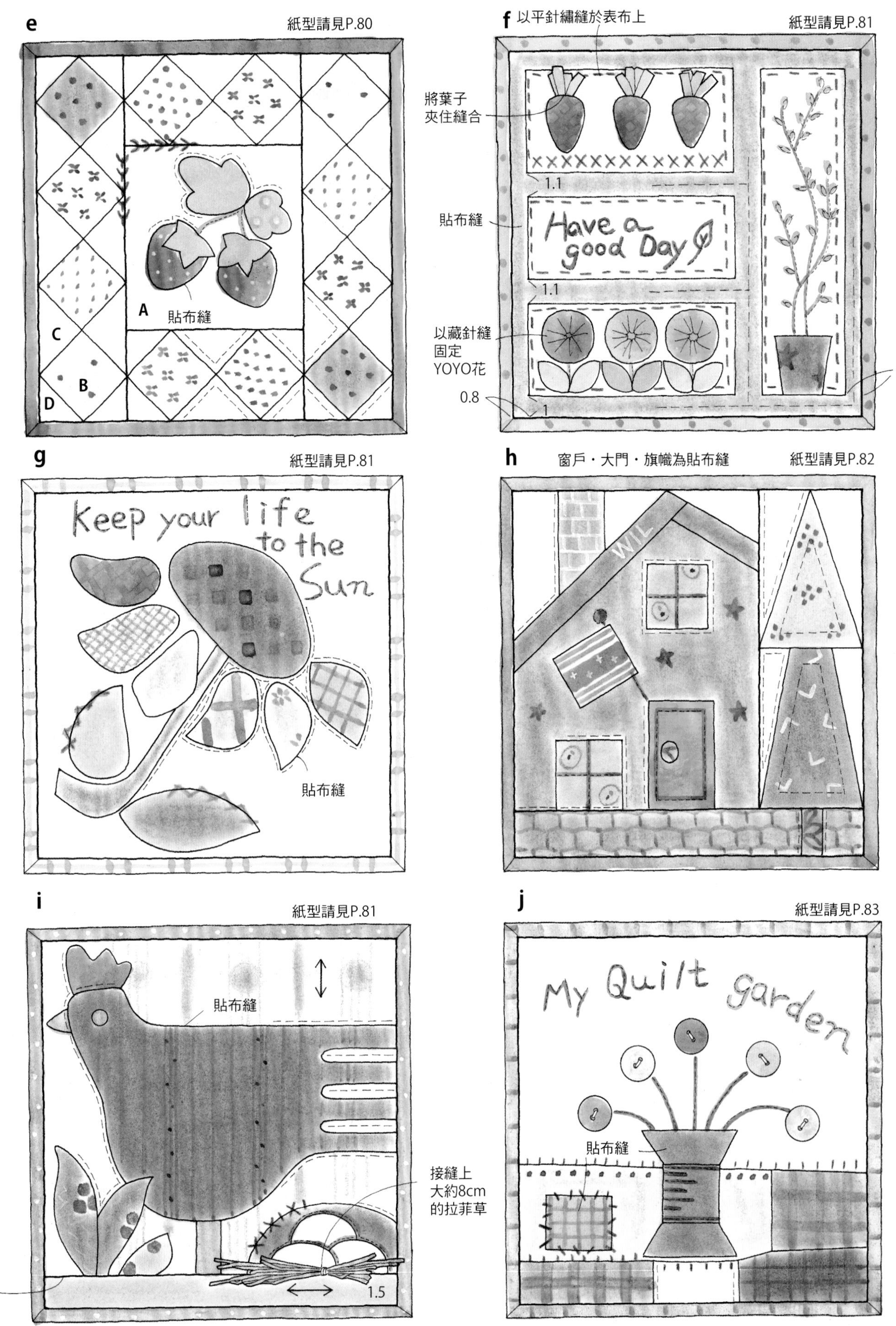
e
紙型請見P.80
A
貼布縫
C
B
D
f
以平針繡縫於表布上
紙型請見P.81
將葉子
夾住縫合
1.1
貼布縫
Have a good Day
1.1
以藏針縫
固定
YOYO花
0.8
0.8
1
g
紙型請見P.81
Keep your life to the Sun
貼布縫
h
窗戶・大門・旗幟為貼布縫
紙型請見P.82
WIL
i
紙型請見P.81
貼布縫
接縫上
大約8cm
的拉菲草
縫合
1.5
j
紙型請見P.83
My Quilt garden
貼布縫

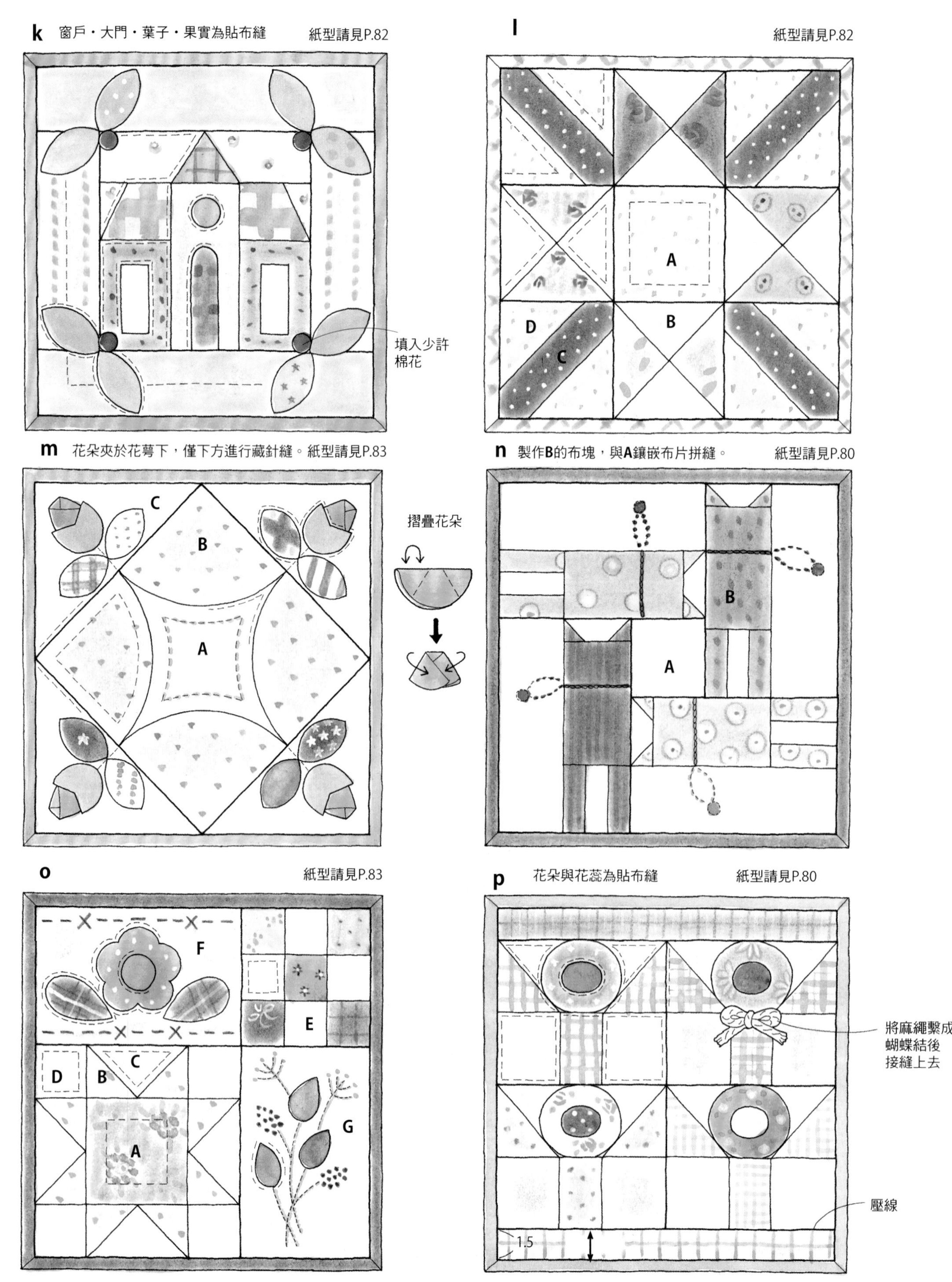

k 窗戶・大門・葉子・果實為貼布縫
紙型請見P.82
填入少許
棉花
l
紙型請見P.82
A
B
C
D
m 花朵夾於花萼下，僅下方進行藏針縫。紙型請見P.83
C
B
A
摺疊花朵
n 製作B的布塊，與A鑲嵌布片拼縫。
紙型請見P.80
B
A
o
紙型請見P.83
F
E
C
D
B
A
G
p 花朵與花蕊為貼布縫
紙型請見P.80
將麻繩繫成
蝴蝶結後
接縫上去
壓線
1.5

P.54 ㉘ 花朵剪刀盒

材料
貼布縫用布　適量
表布（粉紅色）25×25cm
鋪棉　25×25cm
裡布（印花布）25×25cm
布襯（薄）25×17cm
口袋布（粉紅色）25×35cm
滾邊用斜布條　3.5×60cm　2條
長度18cm的拉鍊　1條
直徑0.6cm的鈕釦　2顆、1cm　1顆
拉鍊裝飾　1個
25號繡線（淺綠色、原色、焦茶色、綠色、淺茶色、水藍色、紅色）

※原寸紙型請見P.92。

作法

1 於表布上製作貼布縫。疊放鋪棉與裡布後，進行壓線。

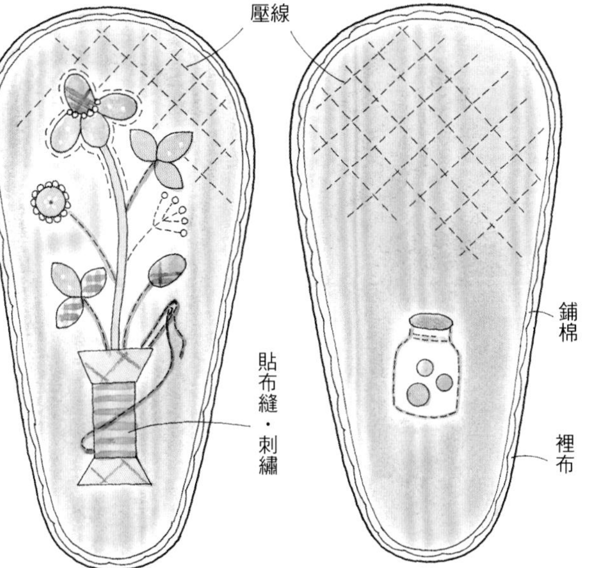
壓線
貼布縫・刺繡
鋪棉
裡布

2 摺疊口袋後縫合。

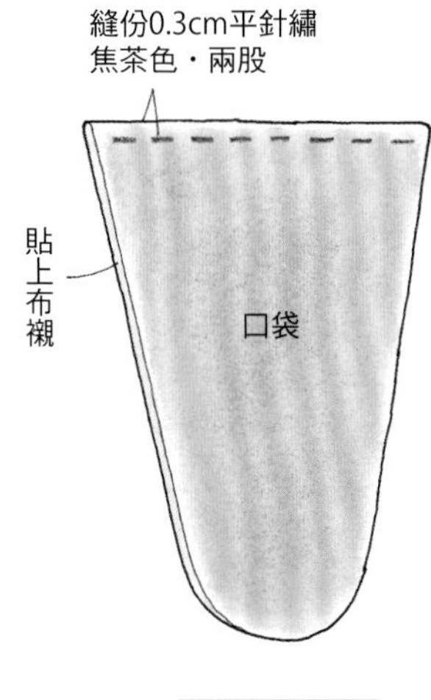
縫份0.3cm平針繡
焦茶色・兩股
貼上布襯
口袋

3 將本體與口袋疊放後，進行滾邊，並組裝拉鍊。

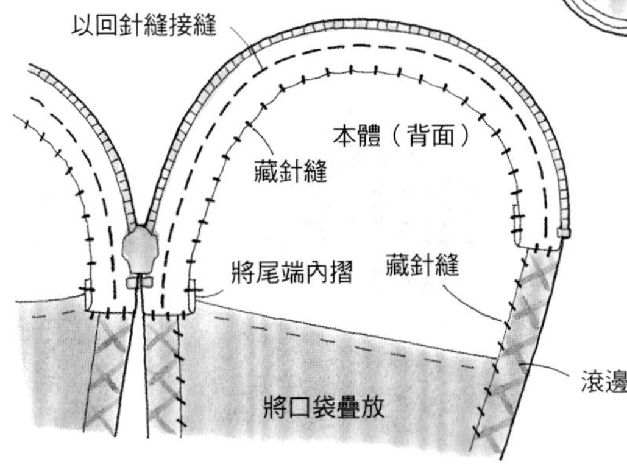
以回針縫接縫
本體（背面）
藏針縫
將尾端內摺
藏針縫
滾邊
將口袋疊放

4 縫合本體周圍。

完成尺寸

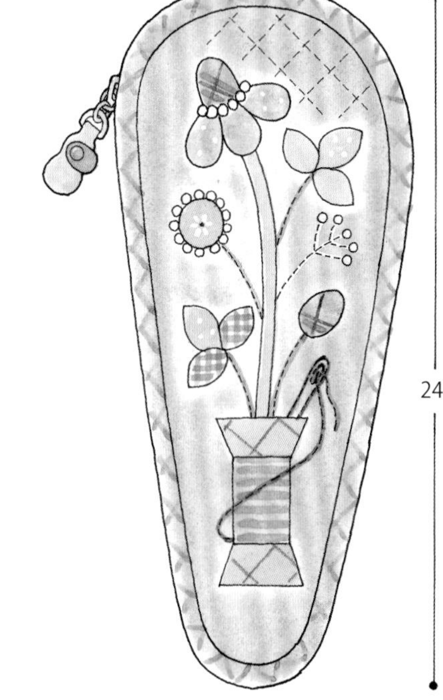
將拉鍊稍微打開
本體（背面）
對齊兩片布料後，進行捲針縫。
24
11.5

5 組裝拉鍊裝飾。

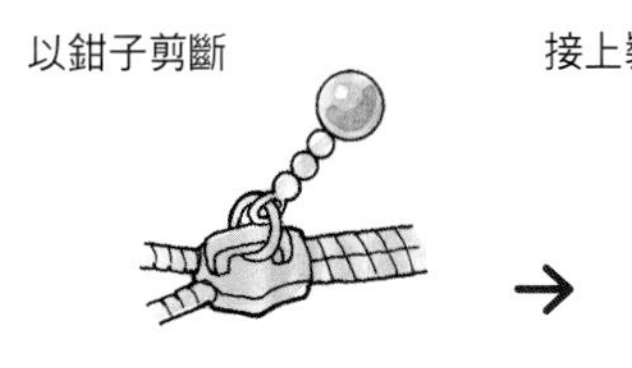
以鉗子剪斷

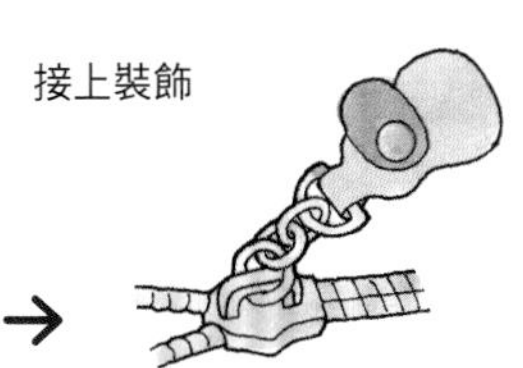
接上裝飾

P.54 ㉚ 花朵針插

材料
花瓣用布 合計35×10cm
表布（粉紅色）15×7cm
手藝填充棉花 適量
25號繡線（茶色、焦茶色）

※原寸紙型請見P.92。

作法

1 縫製花瓣後，進行刺繡。

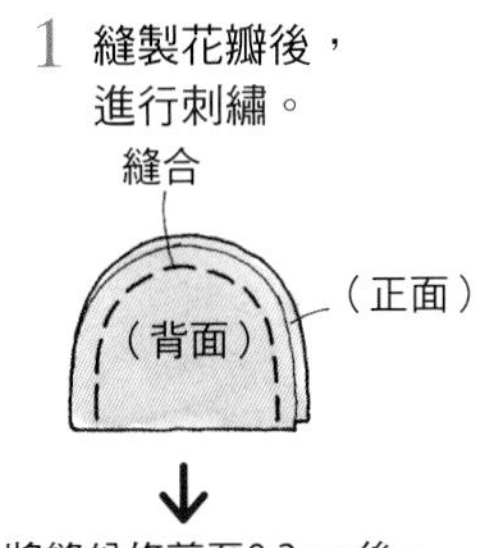
縫合
（背面）
（正面）

將縫份修剪至0.3cm後，翻至正面，進行毛邊繡。

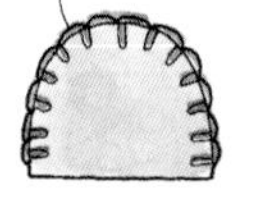

2 於本體接縫花瓣，縫合周圍，再填入棉花。

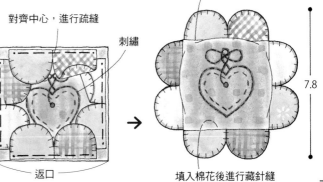

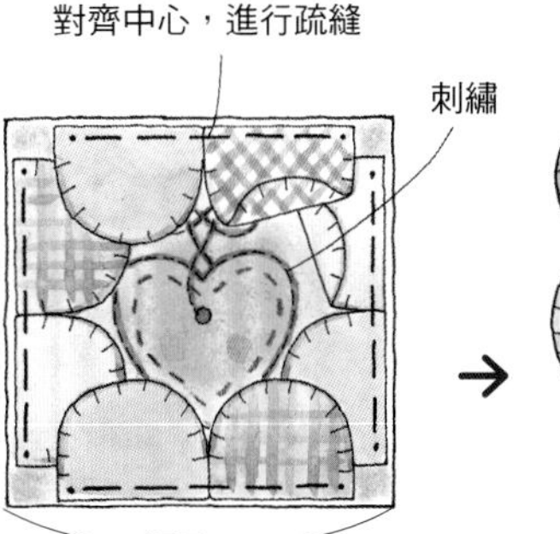
對齊中心，進行疏縫
刺繡
返口

完成尺寸

縫合周圍翻至正面

7.8

填入棉花後進行藏針縫

P.38 ⑰ 灰色系拼接包

材料
貼布縫用布　適量
表布（灰色）110×40cm
配色布（原色）25×25cm
鋪棉　65×45cm
裡布（印花布）100×45cm
5號繡線（白色、綠色）
直徑2.5cm的包釦　4顆
長度30cm的提把　1組

※原寸紙型請見P.73。

刺繡款式

A. 毛邊繡、輪廓繡
周圍繡上人字繡・白色
B. 周圍繡上毛邊繡・綠色
C. 貼布縫的輪廓繡上
輪廓繡・白色
周圍繡上人字繡・白色
D. 周圍繡上毛邊繡・綠色
E. 周圍繡上人字繡・白色
F. 周圍繡上毛邊繡・綠色
G. 貼布縫的輪廓繡上
輪廓繡・綠色
周圍繡上人字繡・白色
H. 周圍繡上毛邊繡・綠色
I. 周圍繡上飛羽繡・白色

作法

1 於表布上製作貼布縫。
疊放鋪棉與裡布後，進行壓線。
後袋身同樣進行壓線。

2 袋身對齊後，縫合周圍，
並接縫內口袋。

3 於袋身上接縫貼邊，
完成後再組裝提把。

裁布圖

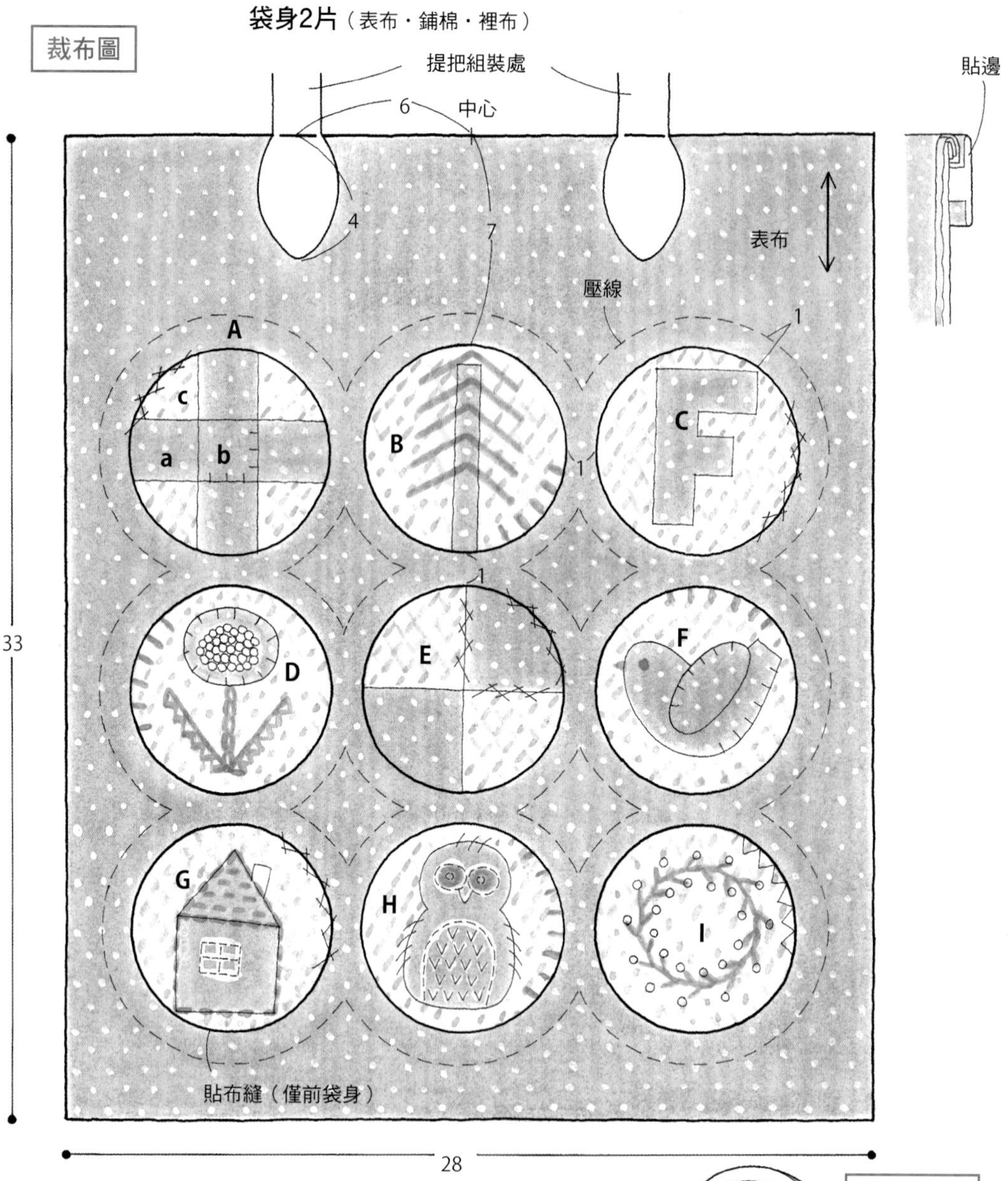

袋身2片（表布・鋪棉・裡布）
提把組裝處
6
中心
4
7
表布
壓線
1
A
c
a
b
B
C
1
1
D
E
F
G
H
I
33
貼布縫（僅前袋身）
28
貼邊

貼邊2片（表布）
3
28

內口袋1片（裡布）

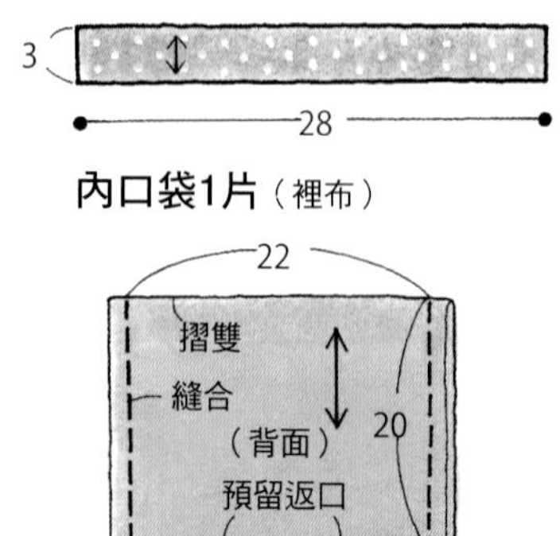
22
摺雙
縫合
（背面）
20
預留返口

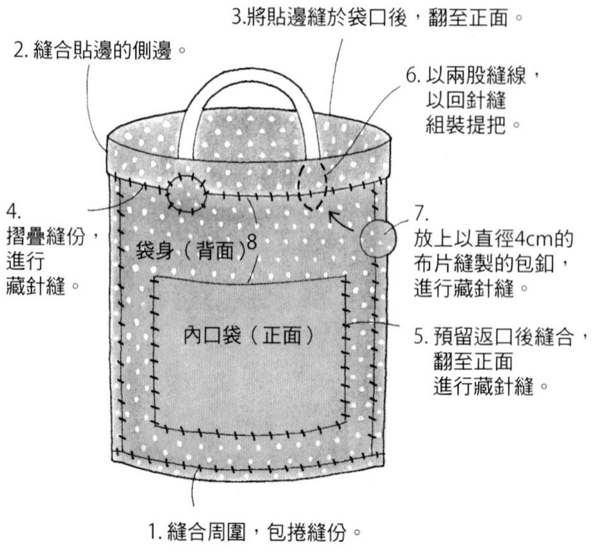

3.將貼邊縫於袋口後，翻至正面。
2. 縫合貼邊的側邊。
6. 以兩股縫線，
以回針縫
組裝提把。
4.
摺疊縫份，
進行
藏針縫。
袋身（背面）8
7.
放上以直徑4cm的
布片縫製的包釦，
進行藏針縫。
內口袋（正面）
5. 預留返口後縫合，
翻至正面
進行藏針縫。
1. 縫合周圍，包捲縫份。

完成尺寸
33
28

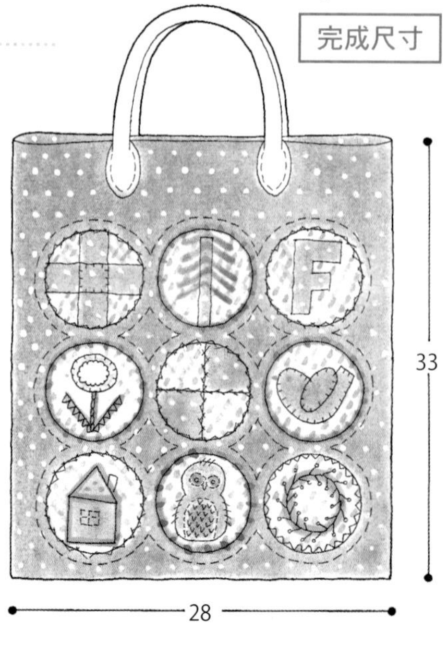

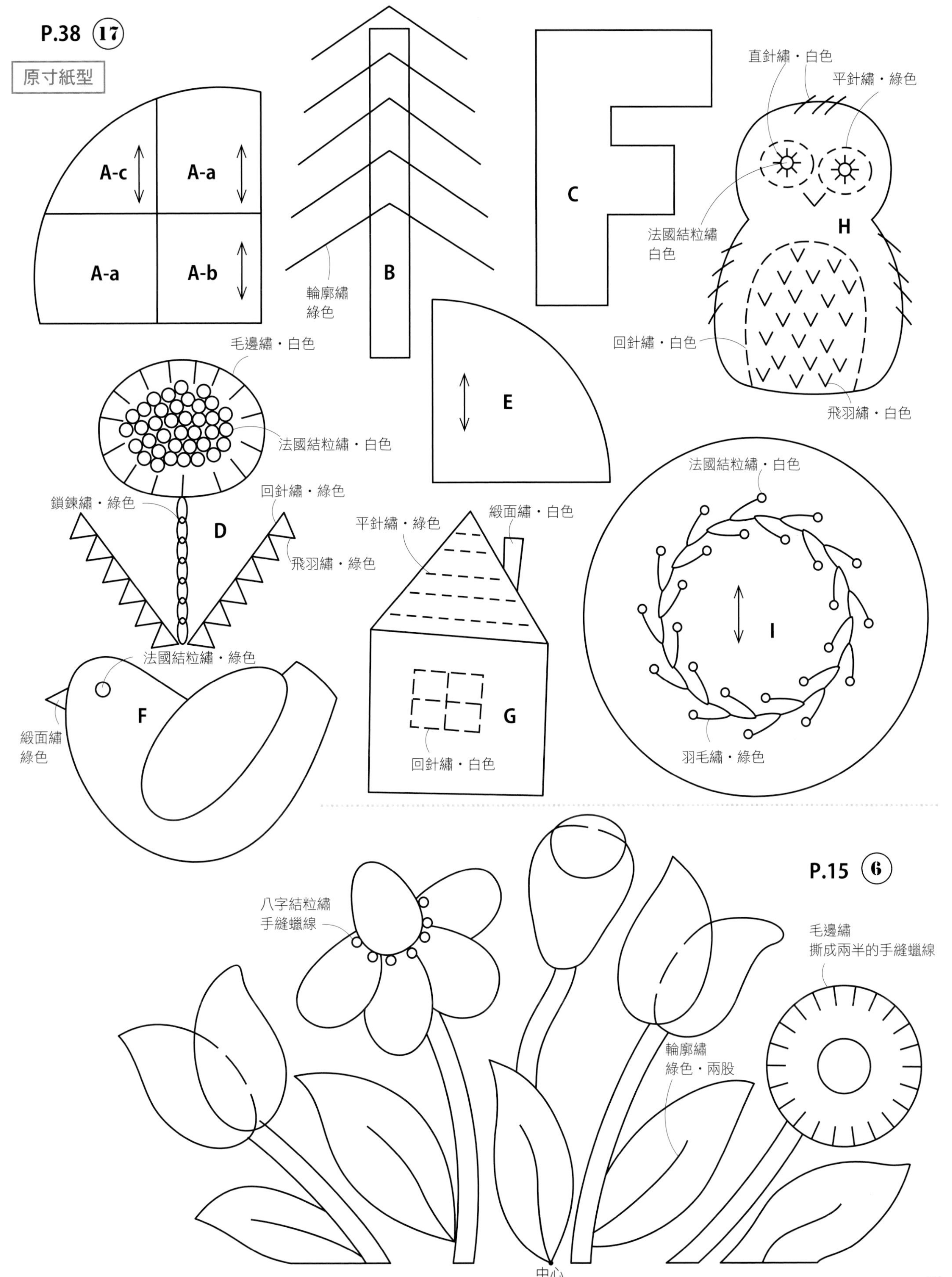
P.38 17
原寸紙型
A-c
A-a
A-a
A-b
B
輪廓繡
綠色
C
直針繡・白色
平針繡・綠色
法國結粒繡
白色
H
回針繡・白色
飛羽繡・白色
毛邊繡・白色
法國結粒繡・白色
鎖鍊繡・綠色
回針繡・綠色
D
飛羽繡・綠色
E
法國結粒繡・綠色
F
緞面繡
綠色
平針繡・綠色
緞面繡・白色
G
回針繡・白色
法國結粒繡・白色
I
羽毛繡・綠色
P.15 6
八字結粒繡
手縫蠟線
毛邊繡
撕成兩半的手縫蠟線
輪廓繡
綠色・兩股
中心

P.45 ㉒ 三角形屋頂置物盒

材料
貼布縫用布　適量
表布（原色）35×25cm
配色布（茶色）22×12cm
小鳥（藍色）20×10cm
鋪棉　35×35cm
裡布（印花布）35×35cm
25號繡線（綠色、薄荷綠、土黃色、
焦茶色、黃綠色）
5號繡線（粉紅色、水藍色、茶色）
手縫蠟線（茶色段染）
直徑1.5cm的包釦　6顆
填充顆粒　適量

※原寸紙型請見P.90、P.91。

作法

1 於屋頂疊放上鋪棉與裡布之後，縫合周圍。
翻至正面後，進行壓線，並縫合側邊。

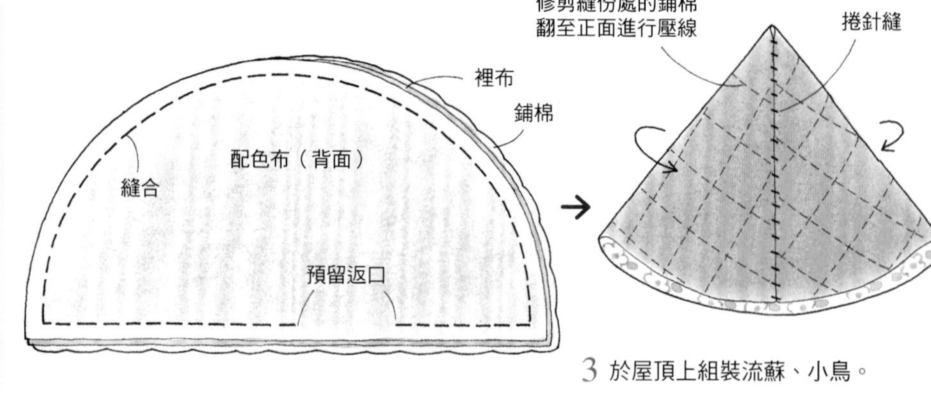

裡布
鋪棉
配色布（背面）
縫合
預留返口
修剪縫份處的鋪棉
翻至正面進行壓線
捲針縫

2 縫製小鳥，翻至正面，裝入填充顆粒。

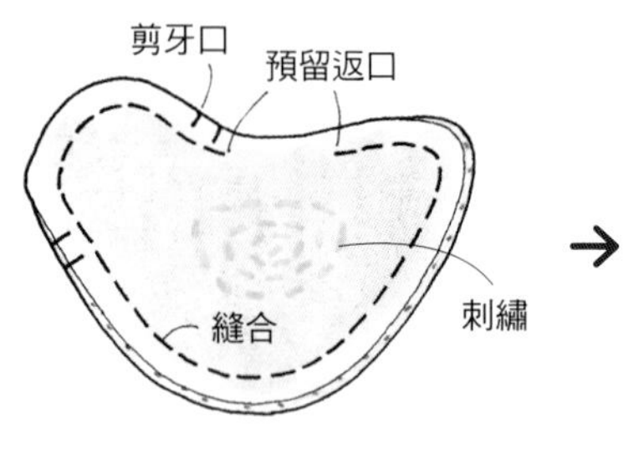

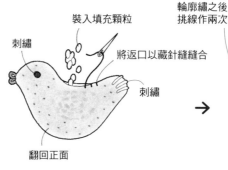

剪牙口
預留返口
縫合
刺繡

裝入填充顆粒
刺繡
將返口以藏針縫縫合
刺繡
翻回正面

3 於屋頂上組裝流蘇、小鳥。

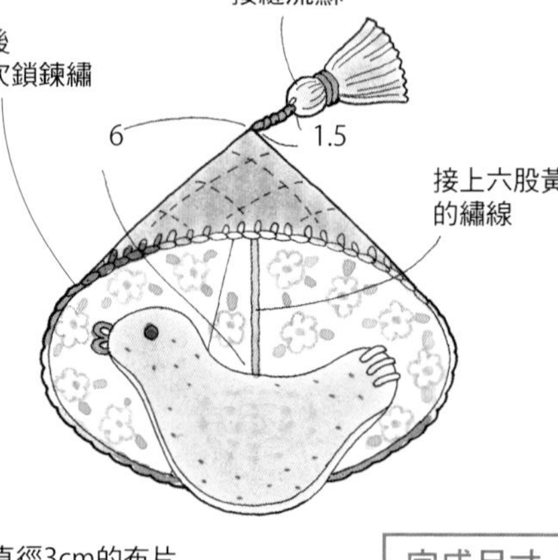

接縫流蘇
輪廓繡之後
挑線作兩次鎖鍊繡
6
1.5
接上六股黃綠色
的繡線

4 縫合本體，翻至正面，進行壓線。

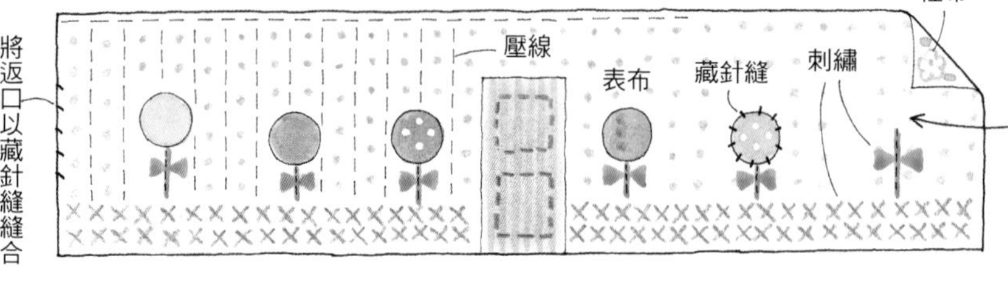

將返口以藏針縫縫合
壓線
表布
藏針縫
刺繡
裡布

以直徑3cm的布片
縫製的包釦

5 縫製盒底，進行壓線。縫合本體的側邊，再與盒底組裝。

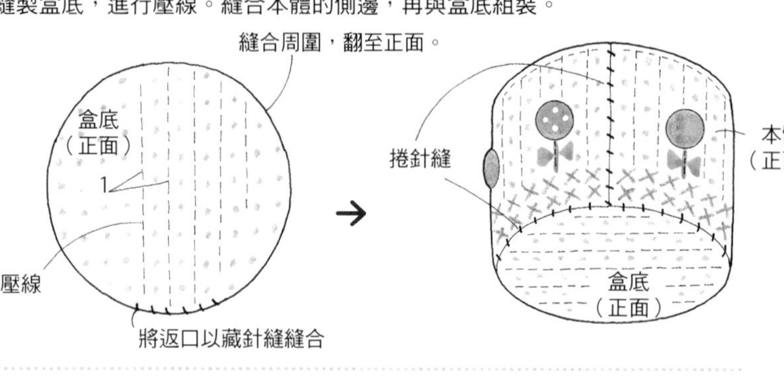

縫合周圍，翻至正面。
盒底
（正面）
1
壓線
將返口以藏針縫縫合
捲針縫
本體
（正面）
盒底
（正面）

完成尺寸

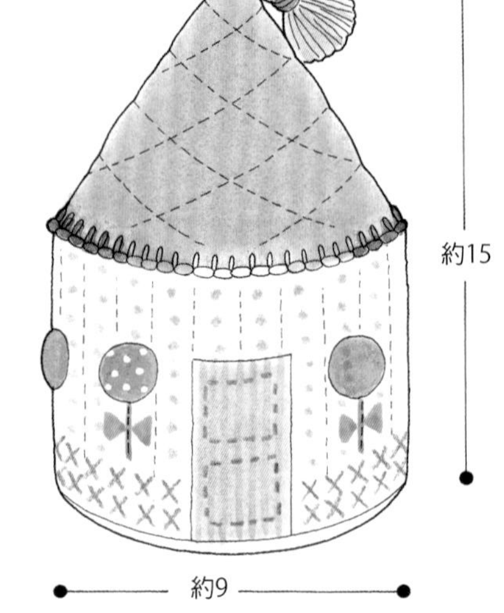

約15
約9

流蘇的作法

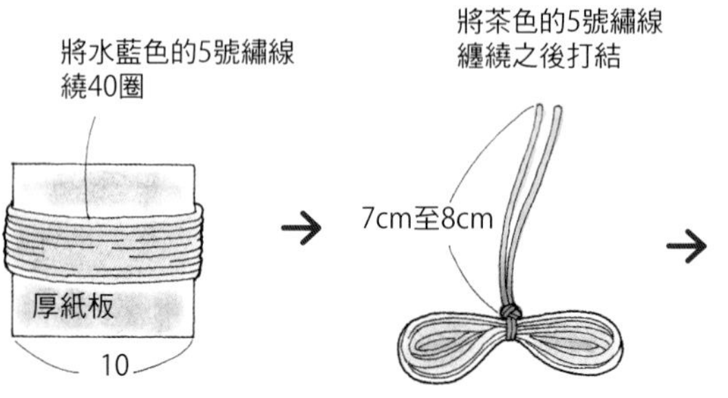

將水藍色的5號繡線
繞40圈
厚紙板
10
將茶色的5號繡線
纏繞之後打結
7cm至8cm

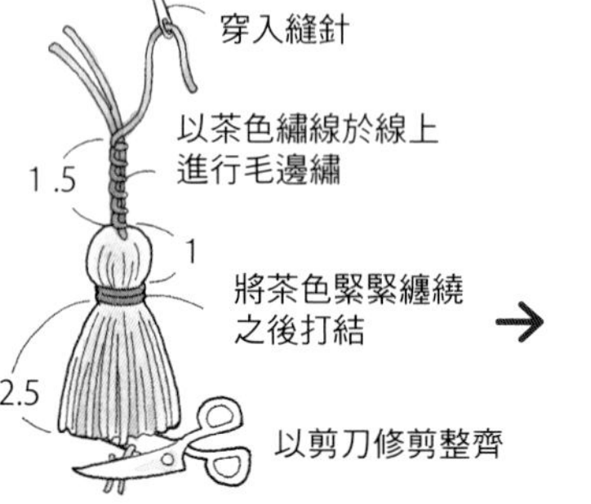

穿入縫針
以茶色繡線於線上
進行毛邊繡
1.5
1
將茶色緊緊纏繞
之後打結
2.5
以剪刀修剪整齊

由屋頂的內側
進行接縫

P.54 ㉙ 大象捲尺盒

材料
表布（黃色）25×15cm
耳朵用布　18×18cm
裝飾布　4×10cm
滾邊用斜布條　2.5×30cm
鋪棉　25×15cm
裡布（白色）25×15cm
大圓珠（茶色）　2顆
麻繩　75cm
直徑約5cm的捲尺
手藝填充棉花　適量

※原寸紙型請見P.92。

作法

1 將表布、鋪棉與裡布疊放後縫合，再翻至正面。

2 以裝飾布進行滾邊，縫合耳朵後，翻至正面。

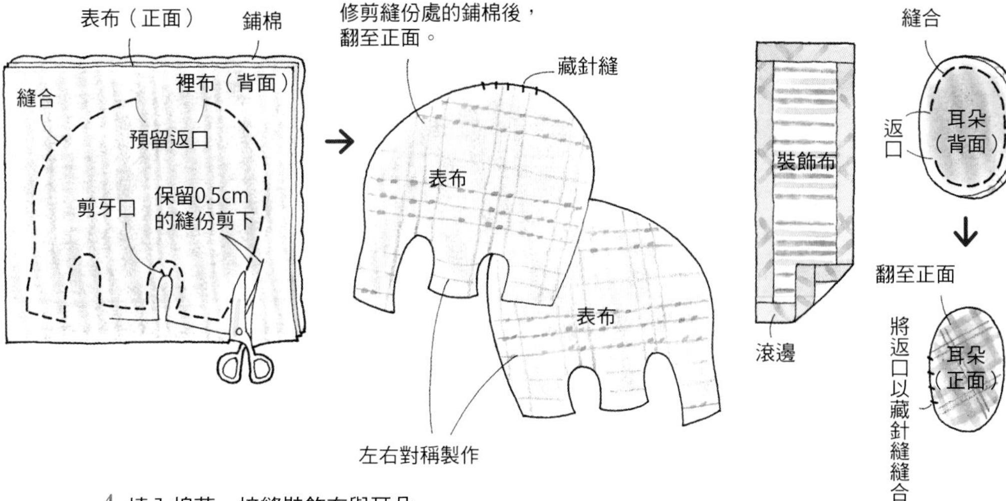
表布（正面）
鋪棉
裡布（背面）
縫合
預留返口
剪牙口
保留0.5cm的縫份剪下
修剪縫份處的鋪棉後，翻至正面。
藏針縫
表布
表布
左右對稱製作
裝飾布
滾邊
縫合
返口
耳朵（背面）
翻至正面
耳朵（正面）
將返口以藏針縫縫合

3 將捲尺放入本體內，再縫合周圍。

4 填入棉花。接縫裝飾布與耳朵。

完成尺寸

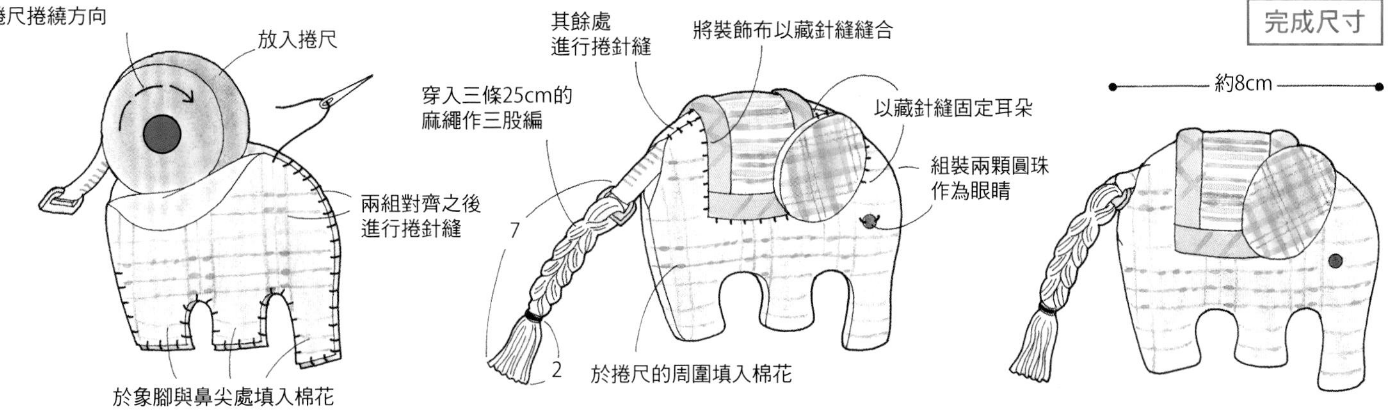
捲尺捲繞方向
放入捲尺
兩組對齊之後進行捲針縫
於象腳與鼻尖處填入棉花
其餘處進行捲針縫
將裝飾布以藏針縫縫合
穿入三條25cm的麻繩作三股編
以藏針縫固定耳朵
組裝兩顆圓珠作為眼睛
7
2
於捲尺的周圍填入棉花
約8cm

P.45 ㉑ 青鳥茶壺墊

材料
貼布縫用布　適量
表布（淺駝色）35×30cm
鋪棉　35×30cm
裡布（印花布）35×30cm
直徑1.2cm至1.5cm的鈕釦　8顆
25號繡線（茶色、綠色、紫色漸層）
麻線（淺駝色）
手縫蠟線（綠色漸層）

※原寸紙型請見P.91。

作法

於表布上製作貼布縫。
疊放鋪棉，與裡布正面相對疊合後，縫合周圍。
修剪縫份處的鋪棉後，翻至正面，
進行壓線與刺繡，並接縫鈕釦。

裁布圖

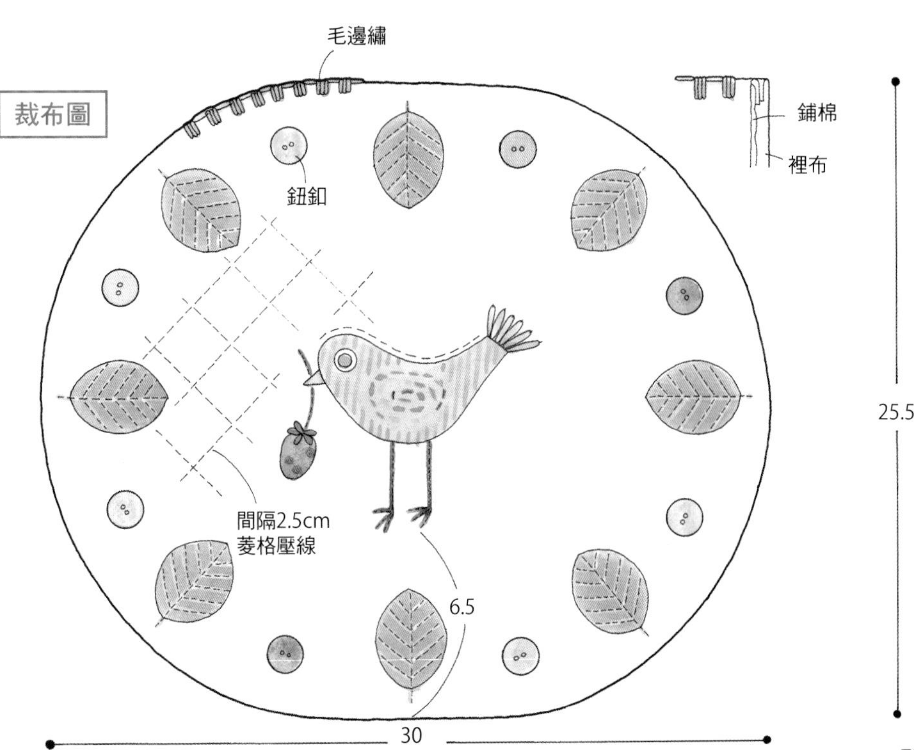
毛邊繡
鈕釦
鋪棉
裡布
間隔2.5cm菱格壓線
6.5
25.5
30

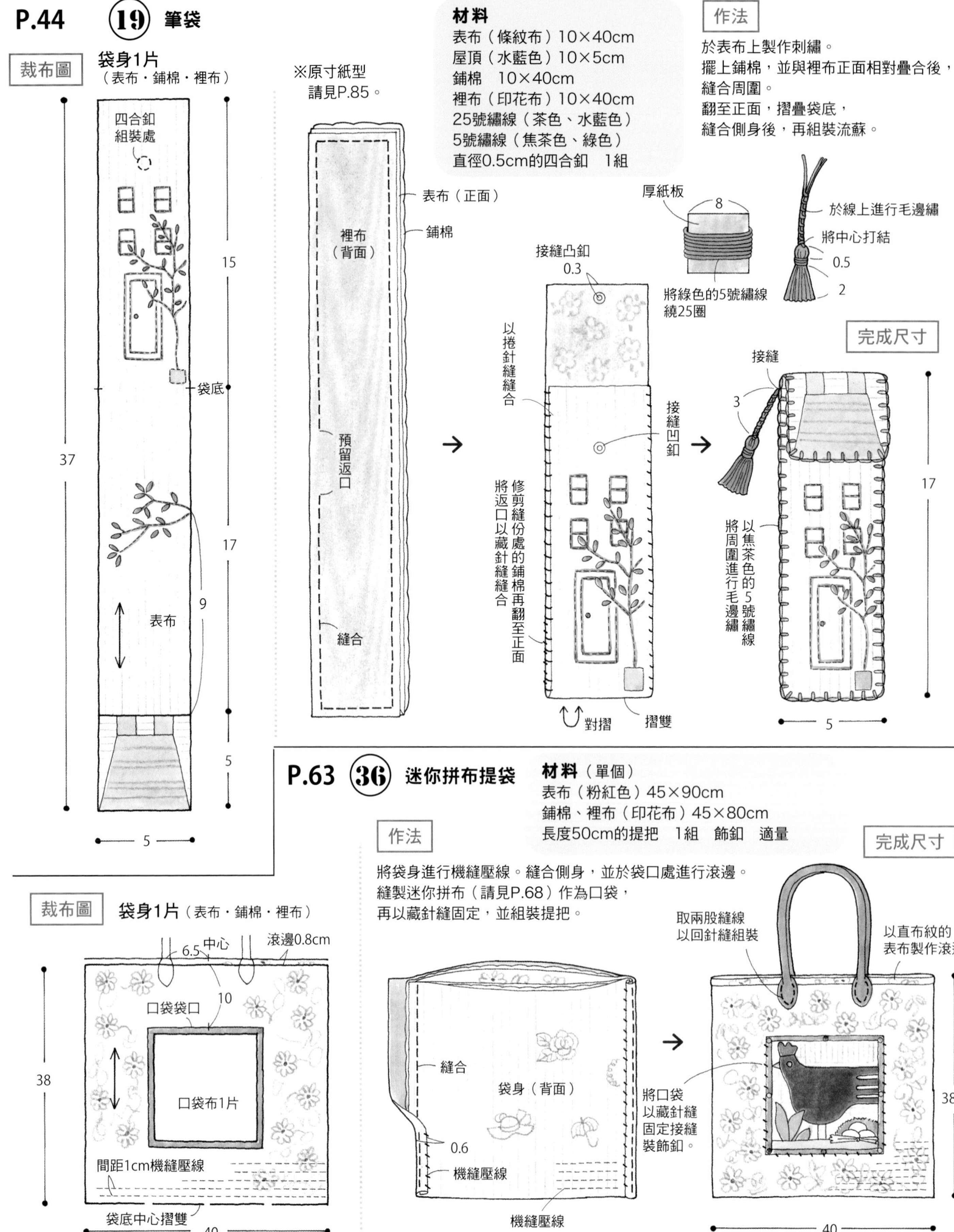
P.44 19 筆袋
裁布圖
袋身1片
（表布・鋪棉・裡布）
四合釦
組裝處
15
袋底
37
17
9
表布
5
5
※原寸紙型
請見P.85。
表布（正面）
鋪棉
裡布
（背面）
預留返口
縫合
材料
表布（條紋布）10×40cm
屋頂（水藍色）10×5cm
鋪棉　10×40cm
裡布（印花布）10×40cm
25號繡線（茶色、水藍色）
5號繡線（焦茶色、綠色）
直徑0.5cm的四合釦　1組
作法
於表布上製作刺繡。
擺上鋪棉，並與裡布正面相對疊合後，
縫合周圍。
翻至正面，摺疊袋底，
縫合側身後，再組裝流蘇。
接縫凸釦
0.3
以捲針縫縫合
接縫凹釦
修剪縫份處的鋪棉再翻至正面
將返口以藏針縫縫合
對摺
摺雙
厚紙板
8
將綠色的5號繡線
繞25圈
於線上進行毛邊繡
將中心打結
0.5
2
完成尺寸
接縫
3
以焦茶色的5號繡線
將周圍進行毛邊繡
17
5
P.63 36 迷你拼布提袋
材料（單個）
表布（粉紅色）45×90cm
鋪棉、裡布（印花布）45×80cm
長度50cm的提把　1組　飾釦　適量
作法
將袋身進行機縫壓線。縫合側身，並於袋口處進行滾邊。
縫製迷你拼布（請見P.68）作為口袋，
再以藏針縫固定，並組裝提把。
完成尺寸
裁布圖
袋身1片（表布・鋪棉・裡布）
6.5
中心
滾邊0.8cm
10
口袋袋口
38
口袋布1片
間距1cm機縫壓線
袋底中心摺雙
40
縫合
袋身（背面）
0.6
機縫壓線
機縫壓線
取兩股縫線
以回針縫組裝
以直布紋的
表布製作滾邊
將口袋
以藏針縫
固定接縫
裝飾釦。
38.8
40

P.58 ㉛ 雜物盒

材料

拼布用布（A 40片、B 16片、C 8片）合計110×15cm
表布（淺駝色）110×20cm
鋪棉、裡布（印花布）110×20cm
長度32cm的提把　1條

※原寸紙型請見P.93。

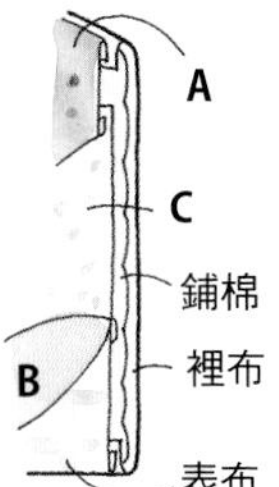

A
C
鋪棉
B
裡布
表布

裁布圖　**本體1片**（表布・鋪棉・裡布）

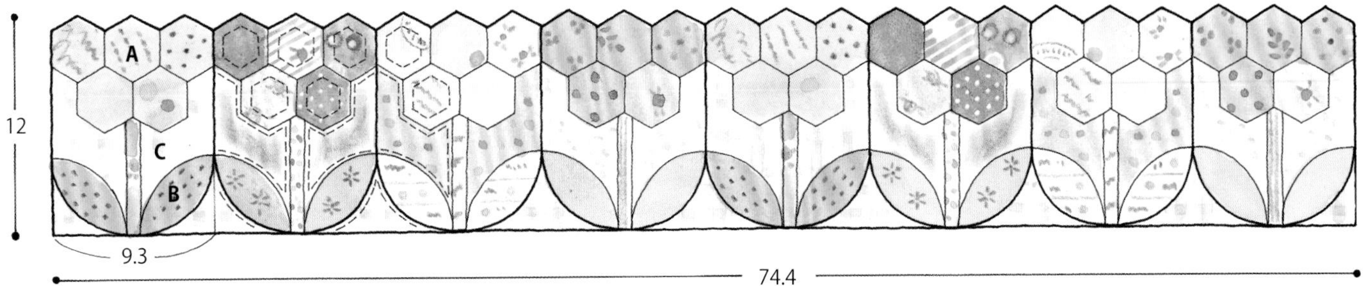

A
C
B
12
9.3
74.4

作法

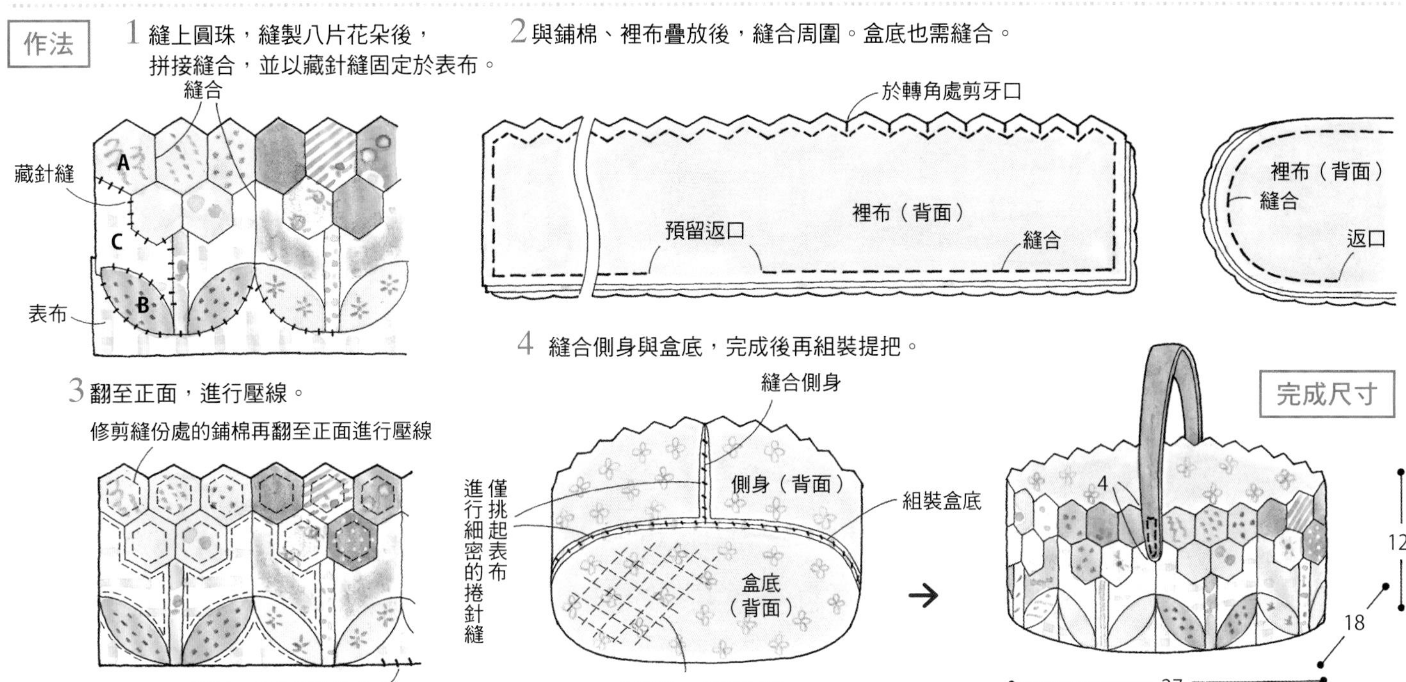

1 縫上圓珠，縫製八片花朵後，
拼接縫合，並以藏針縫固定於表布。
縫合
藏針縫
A
C
B
表布
2 與鋪棉、裡布疊放後，縫合周圍。盒底也需縫合。
於轉角處剪牙口
預留返口
裡布（背面）
縫合
裡布（背面）
縫合
返口
3 翻至正面，進行壓線。
修剪縫份處的鋪棉再翻至正面進行壓線
將返口以藏針縫縫合
4 縫合側身與盒底，完成後再組裝提把。
縫合側身
側身（背面）
組裝盒底
僅挑起表布進行細密的捲針縫
盒底（背面）
間隔2cm菱格壓線
完成尺寸
4
12
18
27

P.58 ㉜ 杯墊

材料

拼布用布（A 5片、B 2片、C 1片）
合計15×15cm
鋪棉　12×15cm
裡布（印花布）12×15cm

※原寸紙型請見P.93。

作法

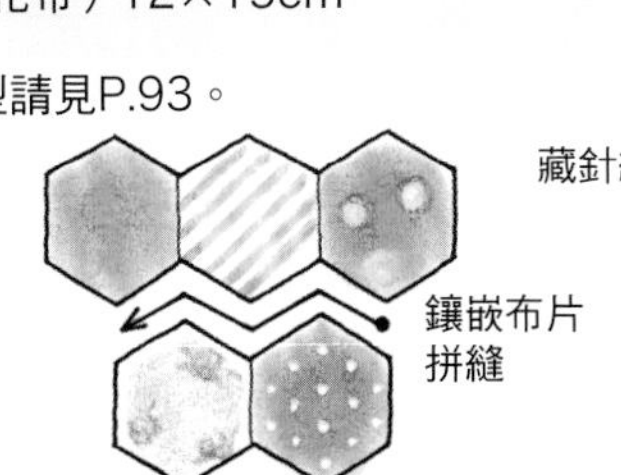
鑲嵌布片拼縫

縫上圓珠，並於C布片上製作A、B貼布縫。修剪多餘的縫份，將鋪棉與裡布疊放後，縫合周圍。翻至正面，進行壓線。

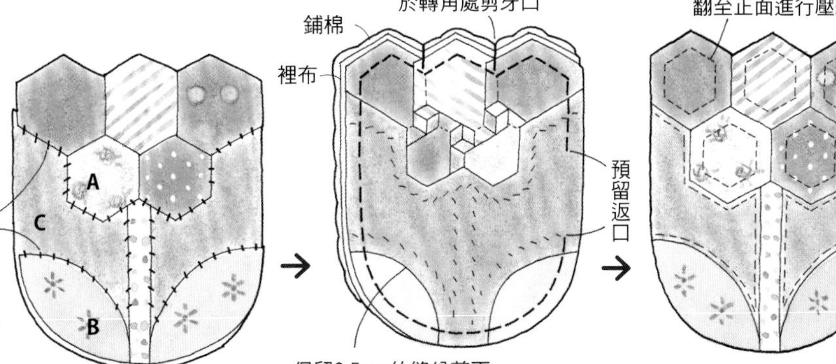

藏針縫
A
C
B
鋪棉
於轉角處剪牙口
裡布
預留返口
保留0.5cm的縫份剪下
翻至正面進行壓線
完成尺寸
12
9.3

原寸紙型

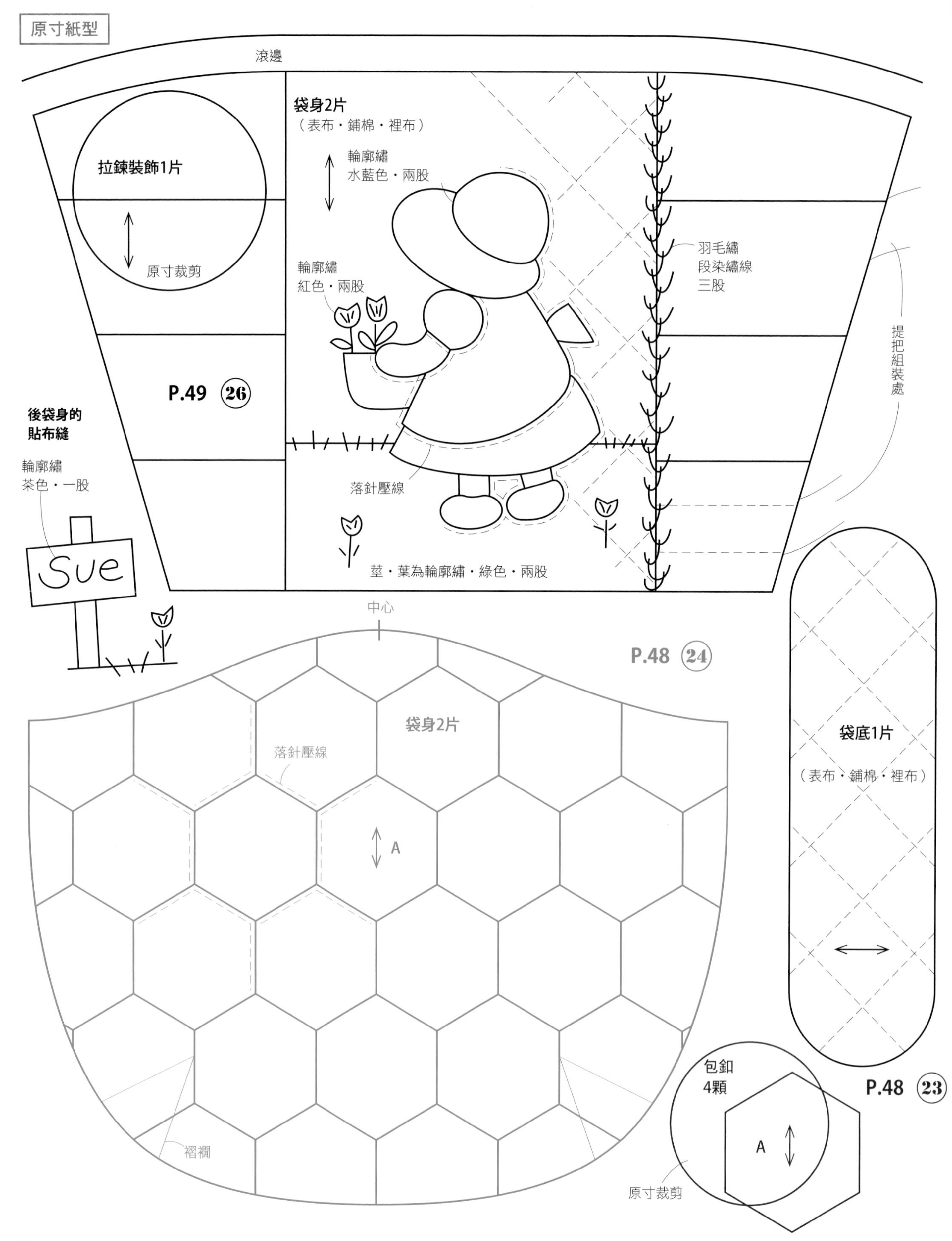
滾邊
袋身2片
（表布・鋪棉・裡布）
拉鍊裝飾1片
原寸裁剪
輪廓繡
水藍色・兩股
輪廓繡
紅色・兩股
羽毛繡
段染繡線
三股
提把組裝處
P.49 26
後袋身的
貼布縫
輪廓繡
茶色・一股
Sue
落針壓線
莖・葉為輪廓繡・綠色・兩股
中心
P.48 24
袋身2片
落針壓線
A
袋底1片
（表布・鋪棉・裡布）
P.48 23
包釦
4顆
A
褶襉
原寸裁剪

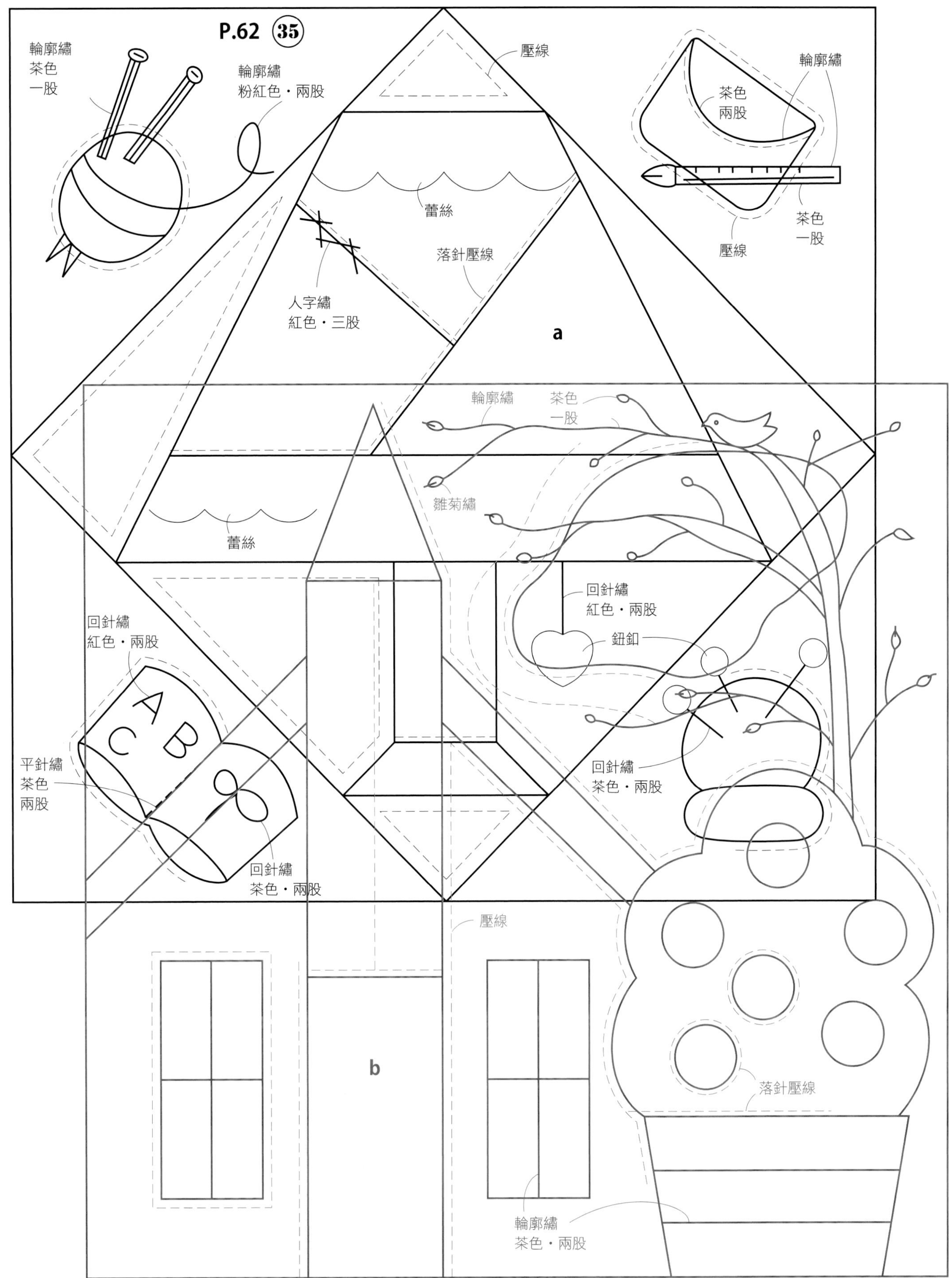
P.62 35
輪廓繡
茶色
一股
輪廓繡
粉紅色・兩股
壓線
輪廓繡
茶色
兩股
蕾絲
人字繡
紅色・三股
落針壓線
壓線
茶色
一股
a
輪廓繡
茶色
一股
雛菊繡
蕾絲
回針繡
紅色・兩股
鈕釦
回針繡
紅色・兩股
平針繡
茶色
兩股
回針繡
茶色・兩股
回針繡
茶色・兩股
壓線
b
落針壓線
輪廓繡
茶色・兩股

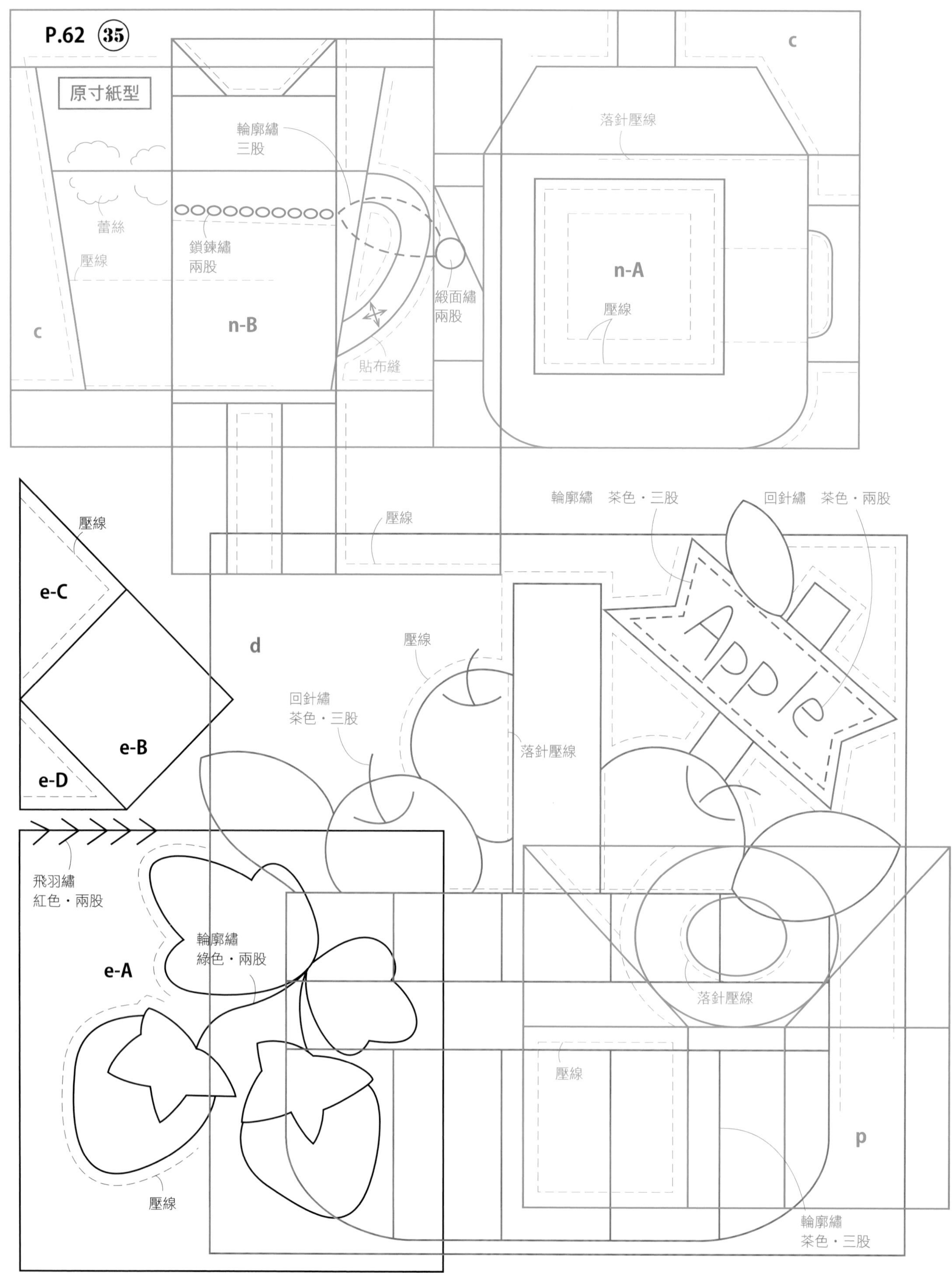
P.62 35
原寸紙型
輪廓繡
三股
落針壓線
c
蕾絲
鎖鍊繡
兩股
壓線
緞面繡
兩股
n-A
壓線
c
n-B
貼布縫
輪廓繡　茶色・三股
回針繡　茶色・兩股
壓線
壓線
e-C
d
壓線
Apple
回針繡
茶色・三股
落針壓線
e-B
e-D
飛羽繡
紅色・兩股
輪廓繡
綠色・兩股
e-A
落針壓線
壓線
p
壓線
輪廓繡
茶色・三股

P.62 35

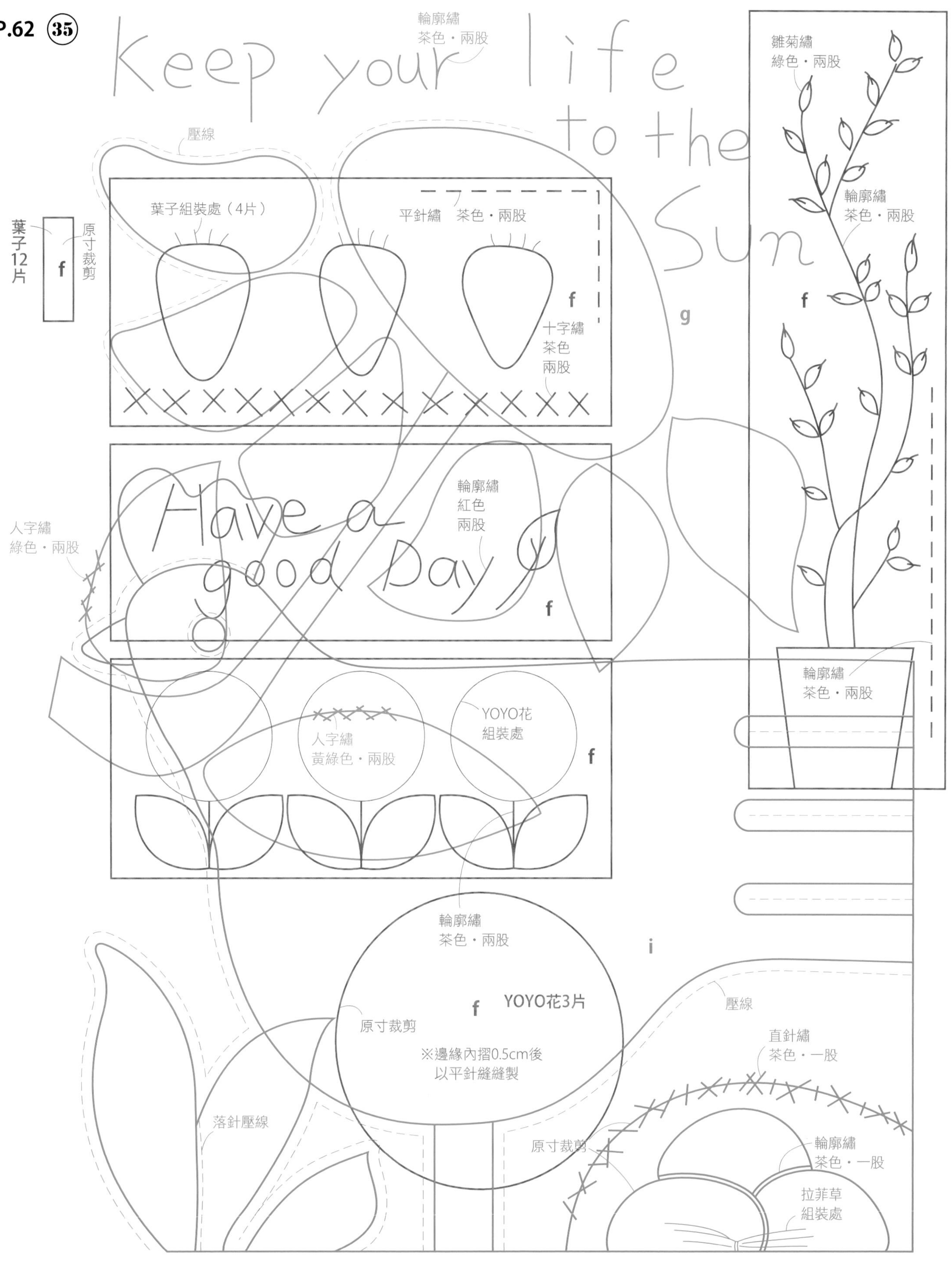
Keep your life to the Sun
輪廓繡
茶色・兩股
壓線
葉子組裝處（4片）
平針繡　茶色・兩股
葉子12片
原寸裁剪
f
十字繡
茶色
兩股
g
雛菊繡
綠色・兩股
輪廓繡
茶色・兩股
Have a good Day
輪廓繡
紅色
兩股
人字繡
綠色・兩股
輪廓繡
茶色・兩股
人字繡
黃綠色・兩股
YOYO花
組裝處
輪廓繡
茶色・兩股
i
YOYO花3片
原寸裁剪
※邊緣內摺0.5cm後
以平針縫縫製
壓線
直針繡
茶色・一股
落針壓線
原寸裁剪
輪廓繡
茶色・一股
拉菲草
組裝處

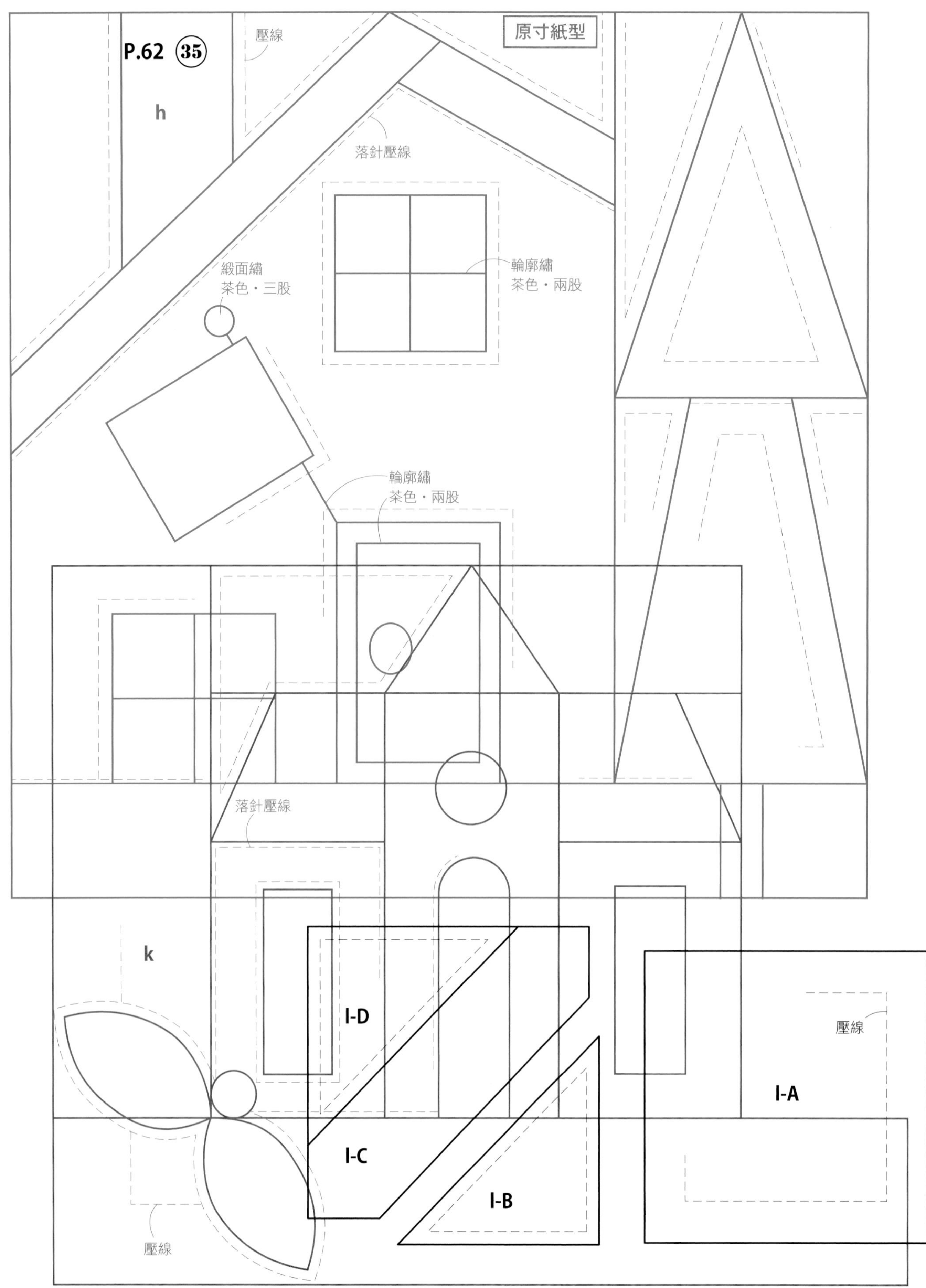
P.62 35
原寸紙型
壓線
h
落針壓線
緞面繡
茶色・三股
輪廓繡
茶色・兩股
輪廓繡
茶色・兩股
落針壓線
k
I-D
I-C
I-B
I-A
壓線
壓線

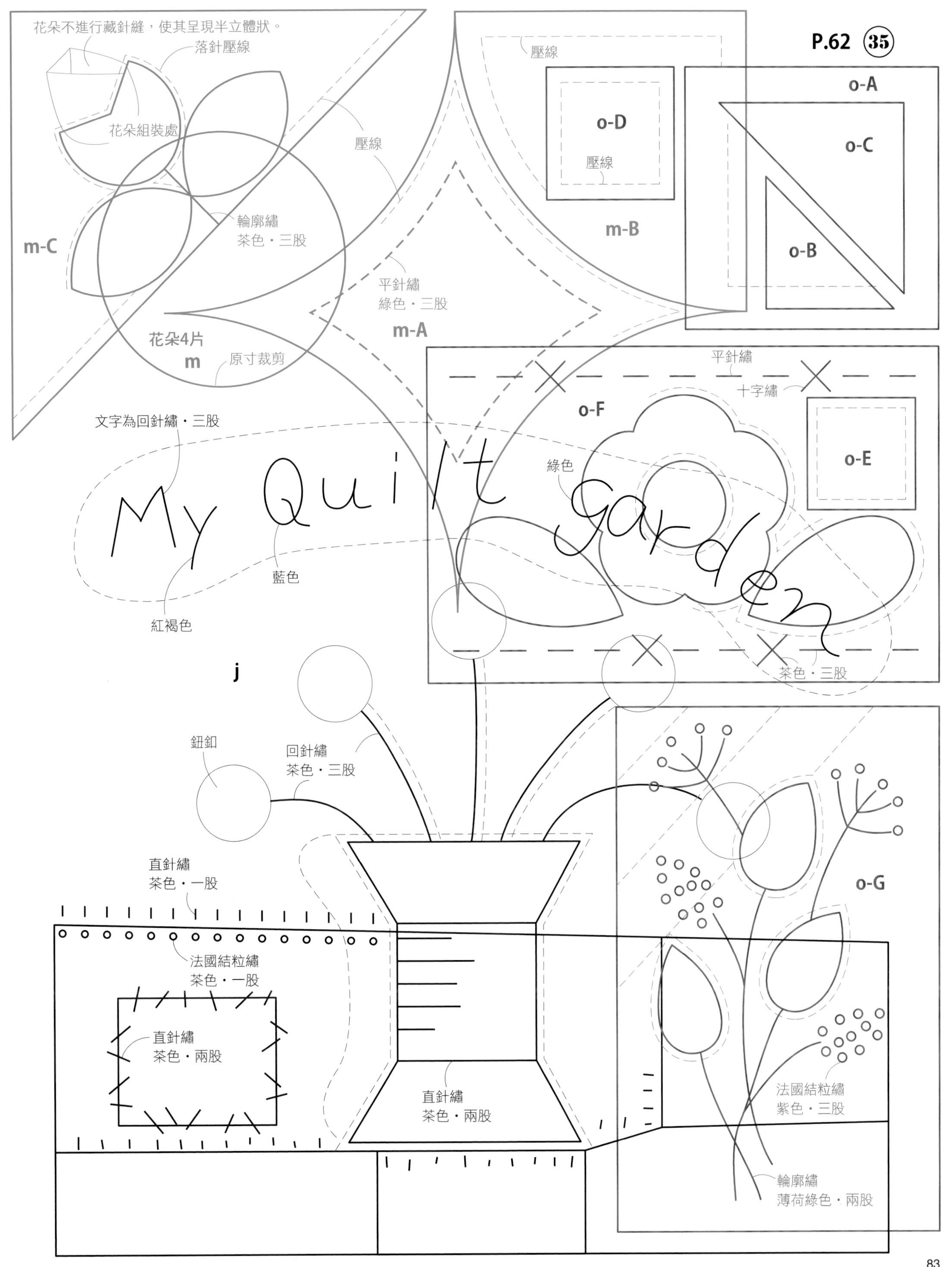
P.62 35
花朵不進行藏針縫，使其呈現半立體狀。
落針壓線
花朵組裝處
壓線
輪廓繡
茶色・三股
m-C
平針繡
綠色・三股
m-A
花朵4片
m
原寸裁剪
壓線
o-D
壓線
m-B
o-A
o-C
o-B
平針繡
十字繡
o-F
o-E
綠色
文字為回針繡・三股
My Quilt garden
藍色
紅褐色
茶色・三股
j
鈕釦
回針繡
茶色・三股
直針繡
茶色・一股
法國結粒繡
茶色・一股
直針繡
茶色・兩股
直針繡
茶色・兩股
o-G
法國結粒繡
紫色・三股
輪廓繡
薄荷綠色・兩股

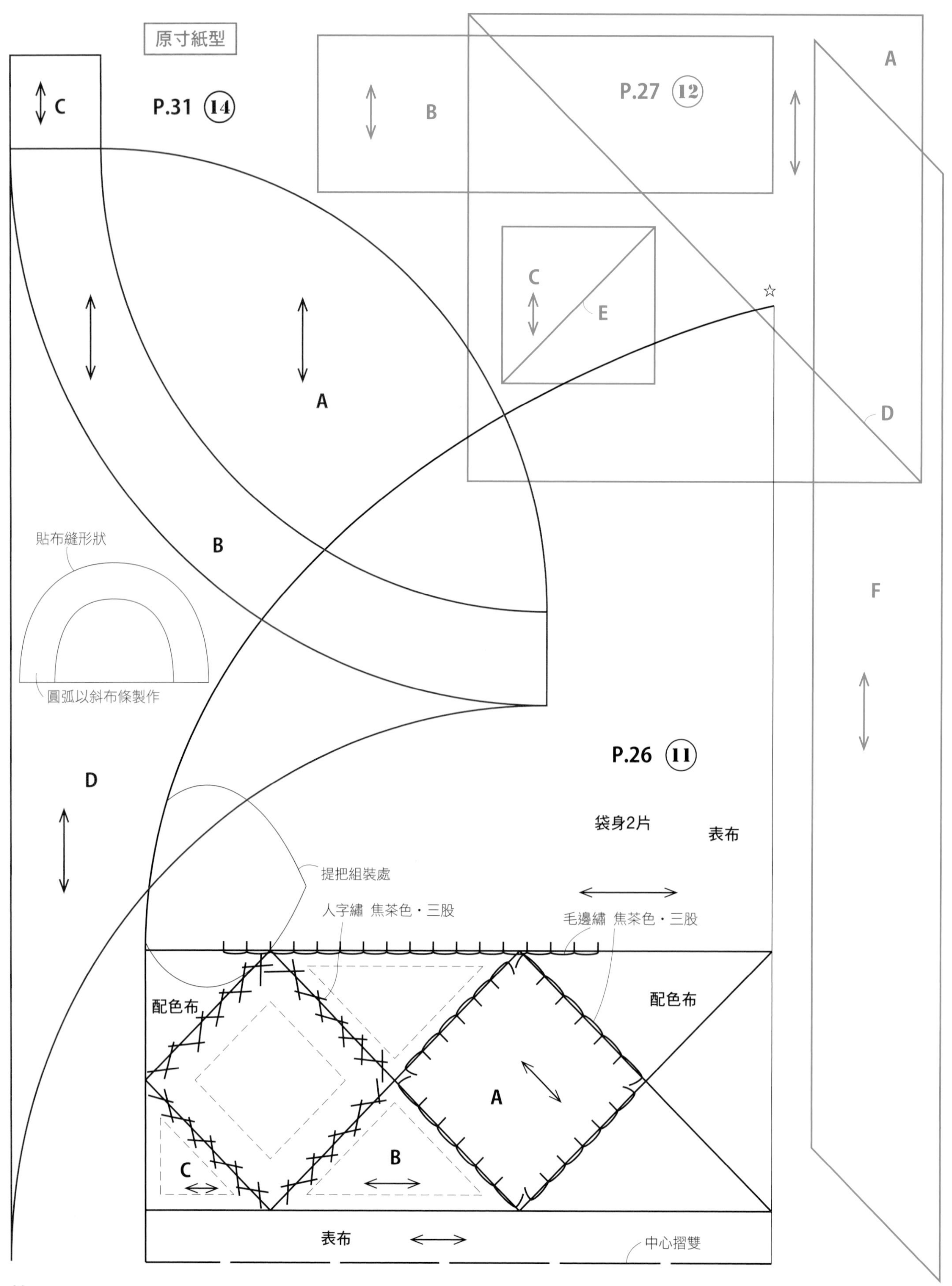
原寸紙型
C
P.31 14
B
P.27 12
A
C
E
D
F
A
B
貼布縫形狀
圓弧以斜布條製作
D
P.26 11
袋身2片
表布
提把組裝處
人字繡 焦茶色・三股
毛邊繡 焦茶色・三股
配色布
配色布
A
C
B
表布
中心摺雙

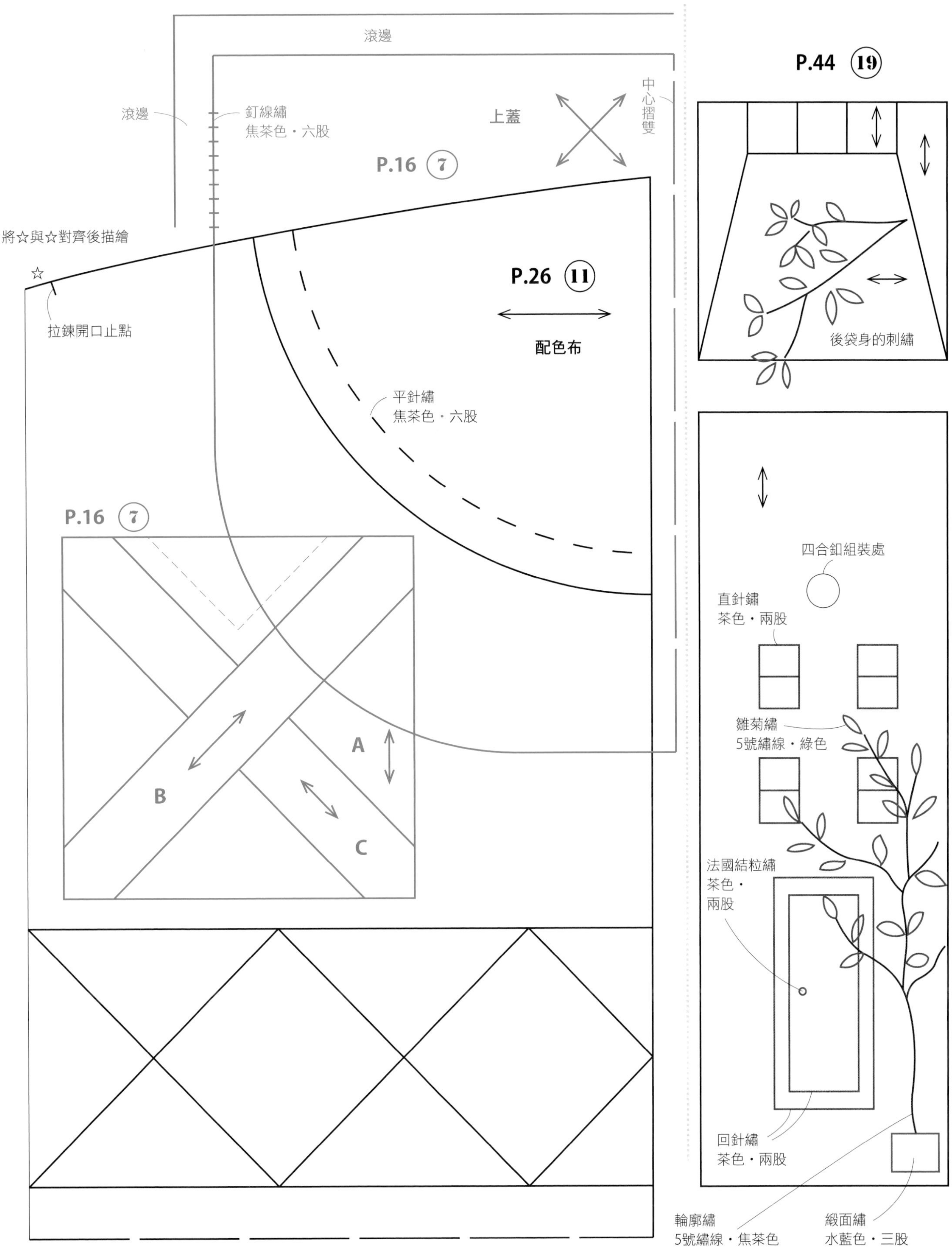
滾邊
滾邊
釘線繡
焦茶色・六股
上蓋
中心摺雙
P.16 7
將☆與☆對齊後描繪
☆
拉鍊開口止點
P.26 11
配色布
平針繡
焦茶色・六股
P.16 7
A
B
C
P.44 19
後袋身的刺繡
四合釦組裝處
直針繡
茶色・兩股
雛菊繡
5號繡線・綠色
法國結粒繡
茶色・
兩股
回針繡
茶色・兩股
輪廓繡
5號繡線・焦茶色
緞面繡
水藍色・三股

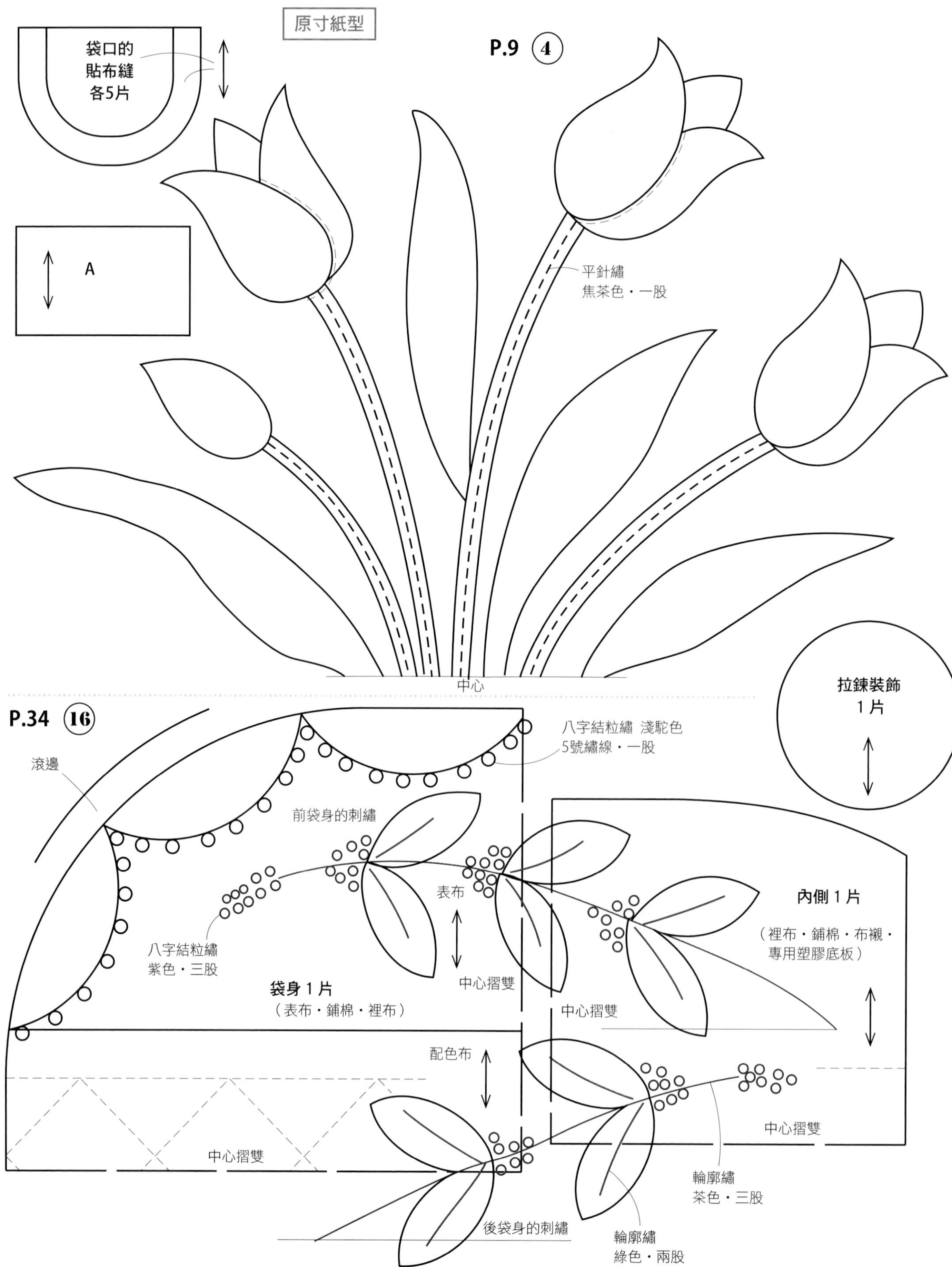
原寸紙型
袋口的
貼布縫
各5片
A
P.9 ④
平針繡
焦茶色・一股
中心
拉鍊裝飾
1片
P.34 ⑯
八字結粒繡 淺駝色
5號繡線・一股
滾邊
前袋身的刺繡
表布
八字結粒繡
紫色・三股
中心摺雙
袋身 1 片
（表布・鋪棉・裡布）
中心摺雙
內側 1 片
（裡布・鋪棉・布襯・
專用塑膠底板）
配色布
中心摺雙
中心摺雙
輪廓繡
茶色・三股
後袋身的刺繡
輪廓繡
綠色・兩股

P.34 ⑮

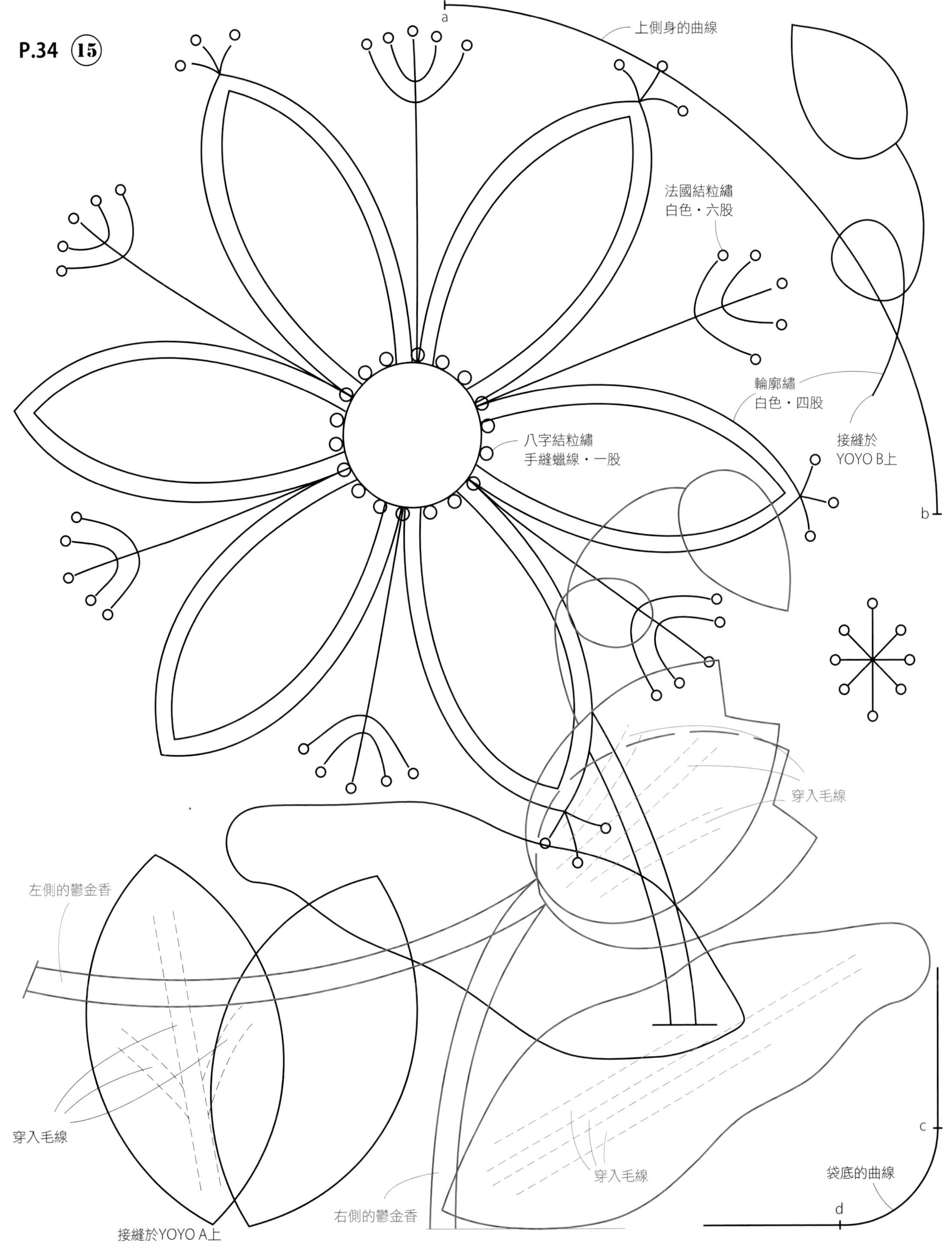
a
上側身的曲線
法國結粒繡
白色・六股
輪廓繡
白色・四股
八字結粒繡
手縫蠟線・一股
接縫於
YOYO B上
b
穿入毛線
左側的鬱金香
穿入毛線
接縫於YOYO A上
右側的鬱金香
穿入毛線
c
袋底的曲線
d

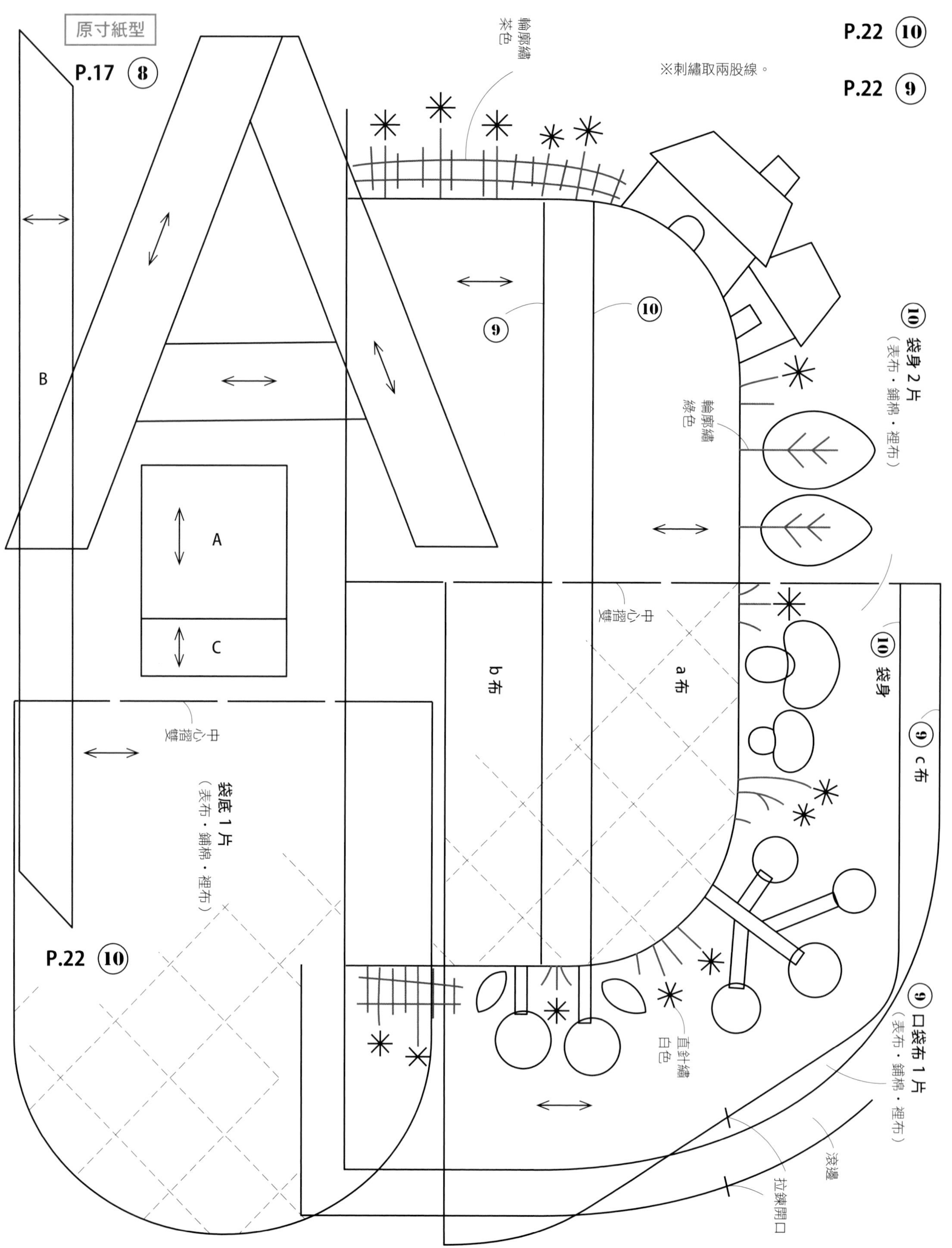

原寸紙型
P.17 ⑧
B
A
C
中心摺雙
袋底1片
（表布・鋪棉・裡布）
P.22 ⑩
輪廓繡
茶色
※刺繡取兩股線。
P.22 ⑩
P.22 ⑨
⑨
⑩
⑩袋身2片
（表布・鋪棉・裡布）
輪廓繡
綠色
中心摺雙
b布
a布
⑩袋身
⑨c布
直針繡
白色
⑨口袋布1片
（表布・鋪棉・裡布）
滾邊
拉鍊開口

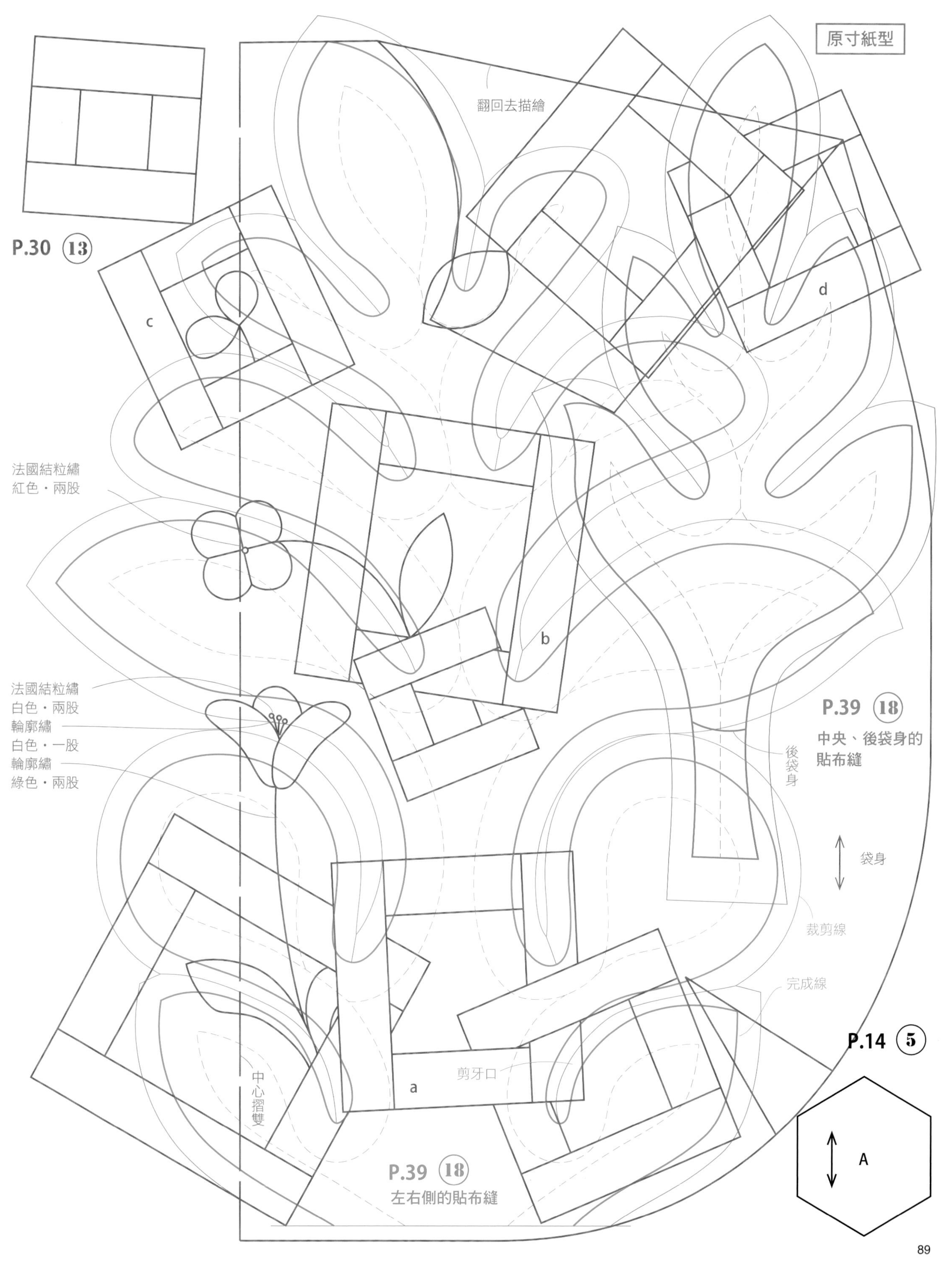
原寸紙型
翻回去描繪
P.30 13
c
d
b
法國結粒繡
紅色・兩股
法國結粒繡
白色・兩股
輪廓繡
白色・一股
輪廓繡
綠色・兩股
P.39 18
中央、後袋身的
貼布縫
後袋身
袋身
裁剪線
完成線
P.14 5
A
中心摺雙
剪牙口
a
P.39 18
左右側的貼布縫

原寸紙型

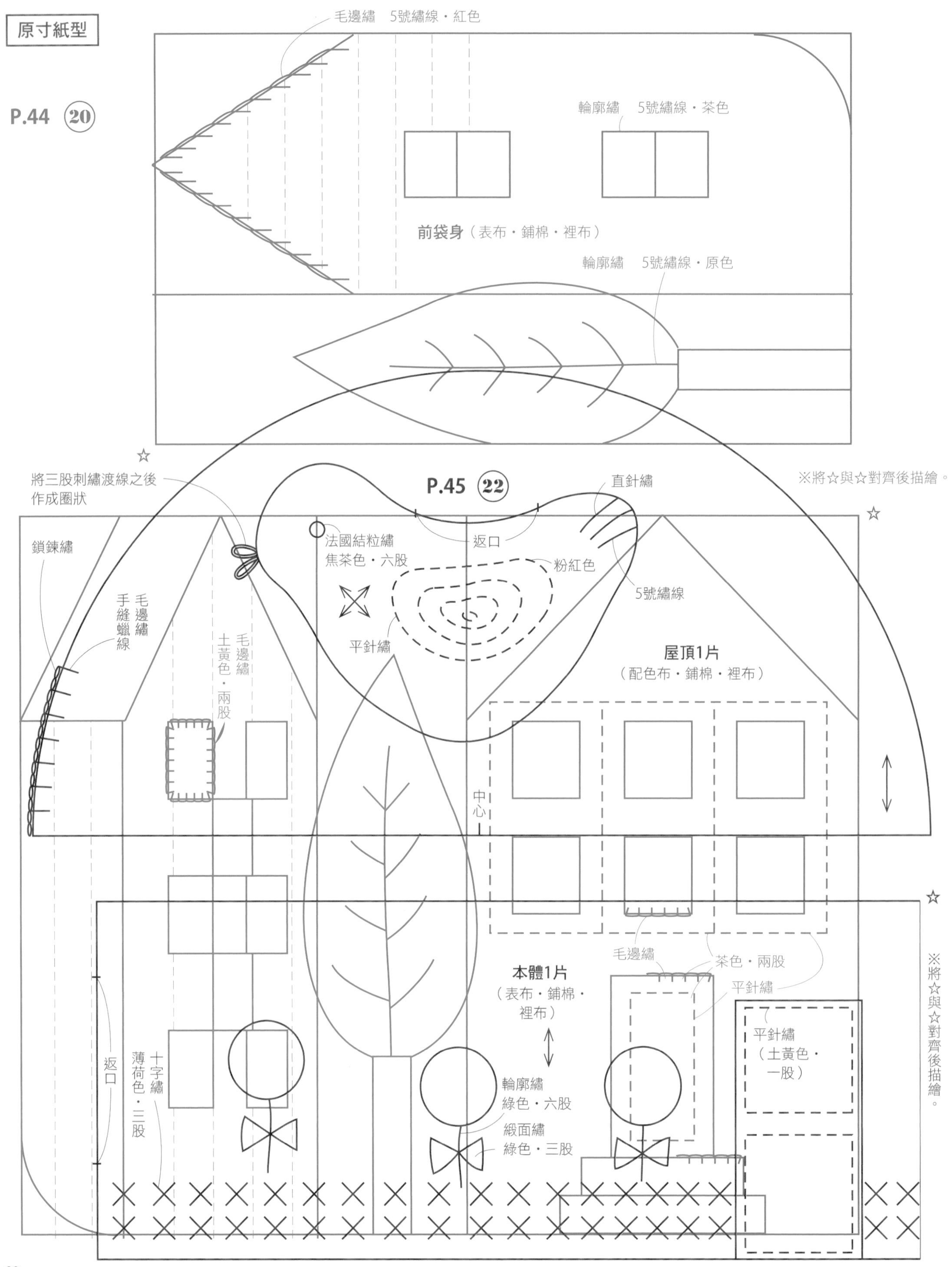
P.44 20
毛邊繡　5號繡線・紅色
輪廓繡　5號繡線・茶色
前袋身（表布・鋪棉・裡布）
輪廓繡　5號繡線・原色
P.45 22
將三股刺繡渡線之後作成圈狀
直針繡
※將☆與☆對齊後描繪。
鎖鍊繡
法國結粒繡
焦茶色・六股
返口
粉紅色
5號繡線
手縫蠟線
毛邊繡
毛邊繡
土黃色・兩股
平針繡
屋頂1片
（配色布・鋪棉・裡布）
中心
毛邊繡
茶色・兩股
平針繡
本體1片
（表布・鋪棉・裡布）
平針繡
（土黃色・一股）
返口
十字繡
薄荷色・三股
輪廓繡
綠色・六股
緞面繡
綠色・三股
※將☆與☆對齊後描繪。

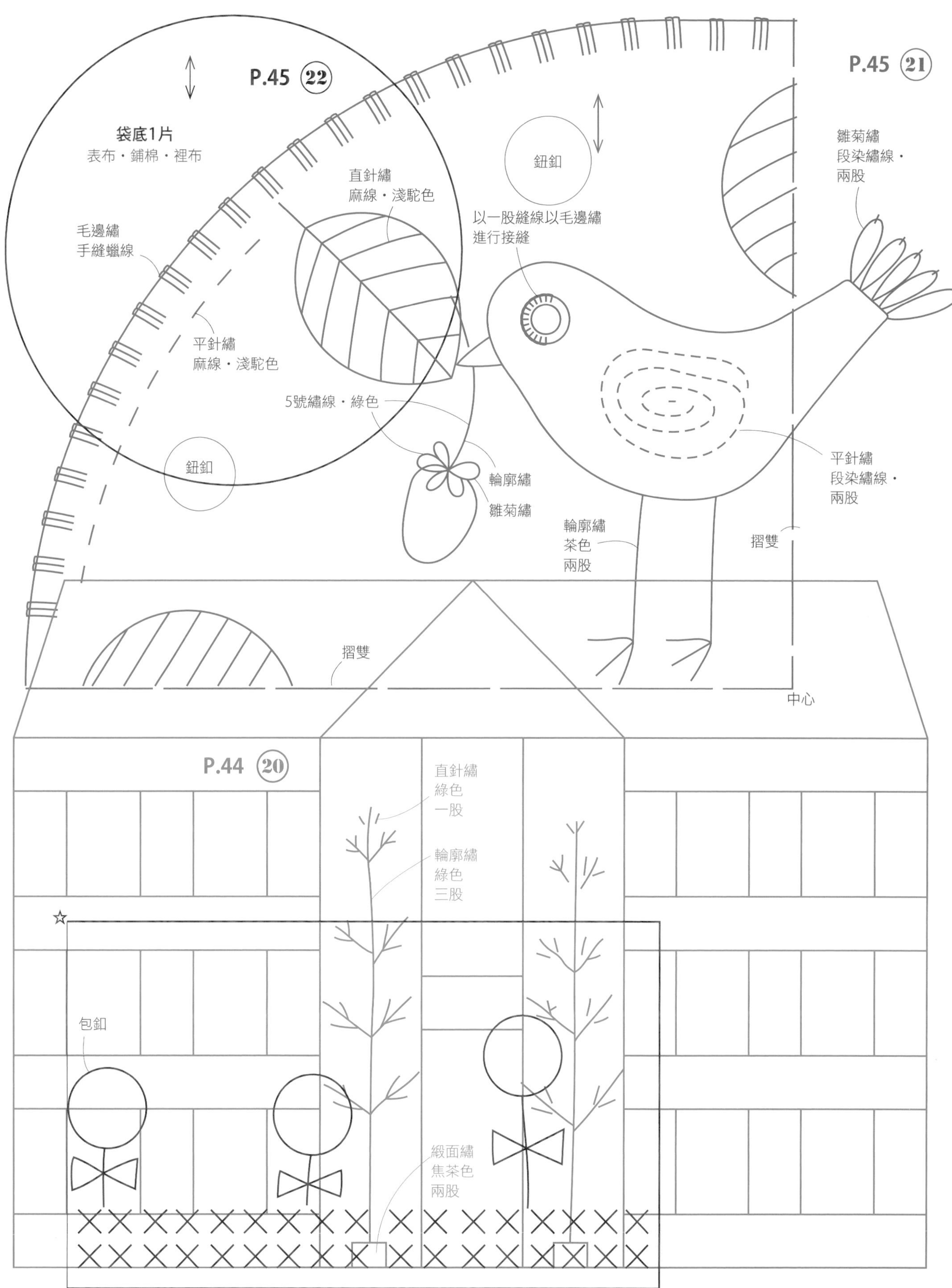
P.45 22
袋底1片
表布・鋪棉・裡布
鈕釦
直針繡
麻線・淺駝色
毛邊繡
手縫蠟線
平針繡
麻線・淺駝色
5號繡線・綠色
鈕釦
輪廓繡
雛菊繡
P.45 21
鈕釦
以一股縫線以毛邊繡
進行接縫
雛菊繡
段染繡線・
兩股
平針繡
段染繡線・
兩股
輪廓繡
茶色
兩股
摺雙
摺雙
中心
P.44 20
直針繡
綠色
一股
輪廓繡
綠色
三股
包釦
緞面繡
焦茶色
兩股

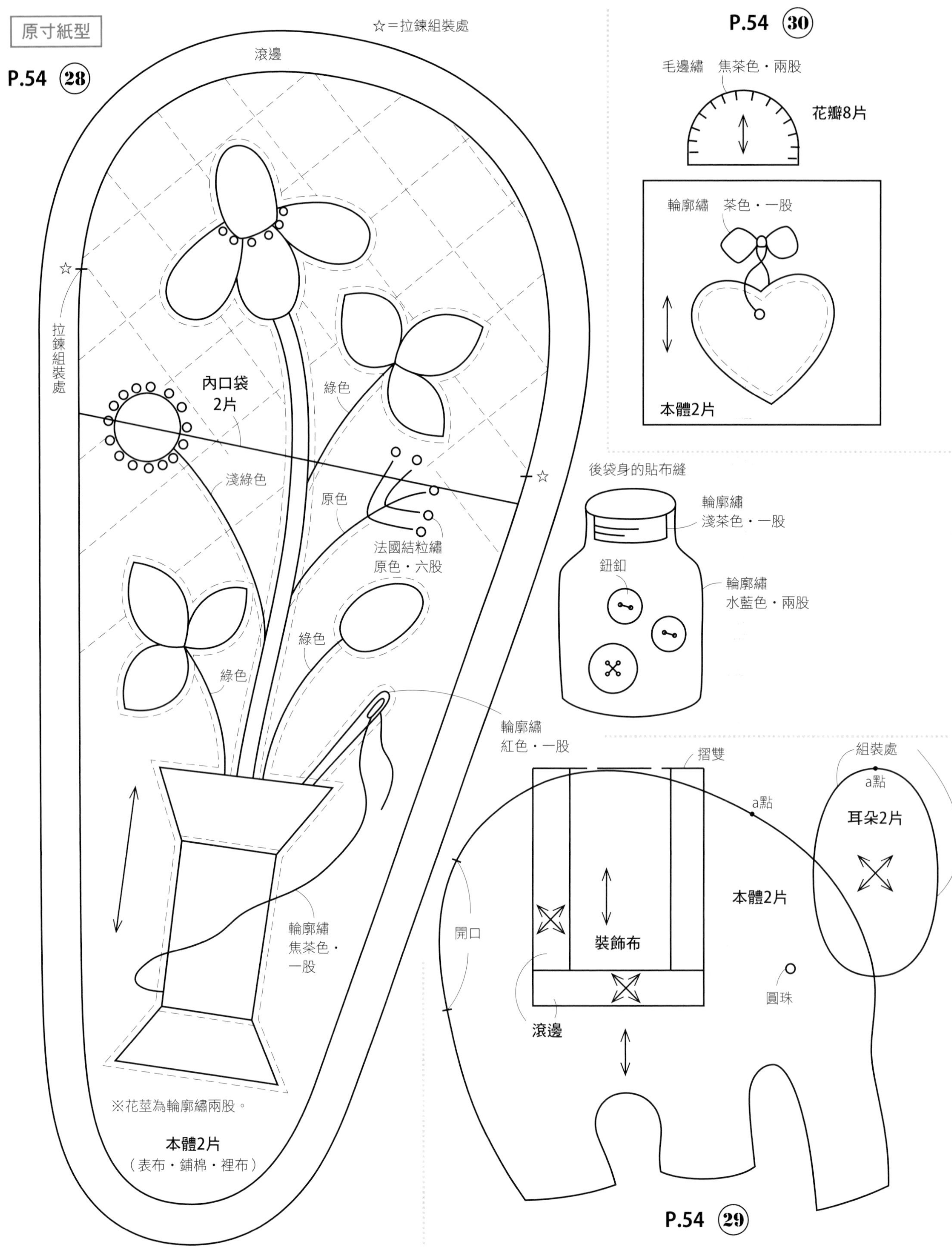
原寸紙型
☆＝拉鍊組裝處
滾邊
P.54 28
☆
拉鍊組裝處
內口袋
2片
綠色
淺綠色
原色
法國結粒繡
原色・六股
綠色
綠色
輪廓繡
紅色・一股
輪廓繡
焦茶色・
一股
※花莖為輪廓繡兩股。
本體2片
（表布・鋪棉・裡布）
P.54 30
毛邊繡　焦茶色・兩股
花瓣8片
輪廓繡　茶色・一股
本體2片
後袋身的貼布縫
輪廓繡
淺茶色・一股
鈕釦
輪廓繡
水藍色・兩股
摺雙
組裝處
a點
a點
耳朵2片
本體2片
開口
裝飾布
圓珠
滾邊
P.54 29

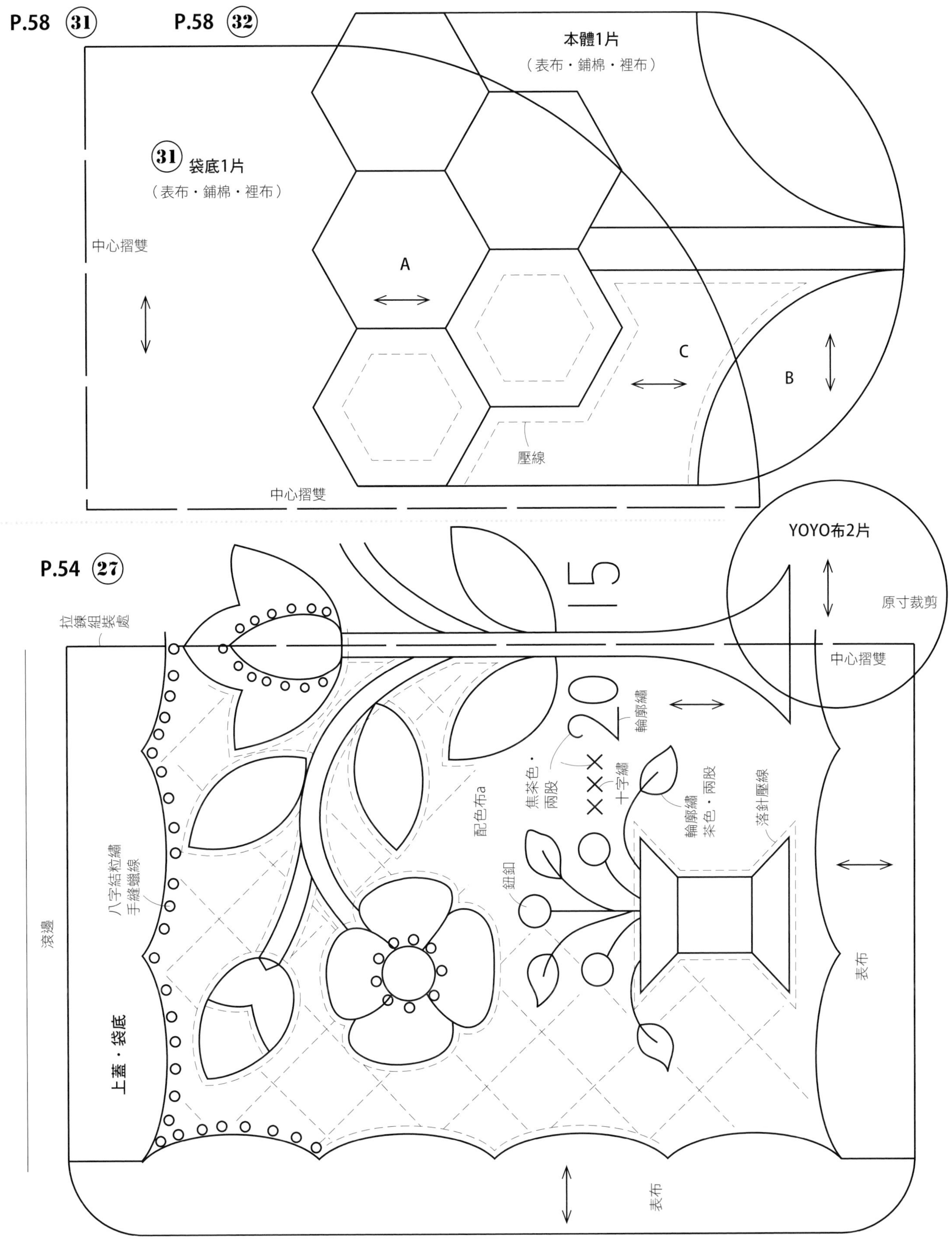
P.58 ㉛
P.58 ㉜
本體1片
（表布・鋪棉・裡布）
㉛ 袋底1片
（表布・鋪棉・裡布）
中心摺雙
A
C
B
壓線
中心摺雙
P.54 ㉗
YOYO布2片
原寸裁剪
拉鍊組裝處
中心摺雙
輪廓繡
焦茶色・兩股
十字繡
輪廓繡
茶色・兩股
落針壓線
配色布a
鈕釦
八字結粒繡
手縫蠟線
滾邊
上蓋・袋底
表布
表布

製作拼布前的準備工作

開始布作前，先學會拼布的基礎技法吧！

拼縫布片（Piecework）

將小布片縫合的作業稱為拼布（Piecework）。

●製作紙型

複印書上裁布圖，置於厚紙板上，再以尖錐於四角扎洞。依循留在厚紙板上的孔洞，以定規尺描線，並以剪刀裁剪後，製作紙型。

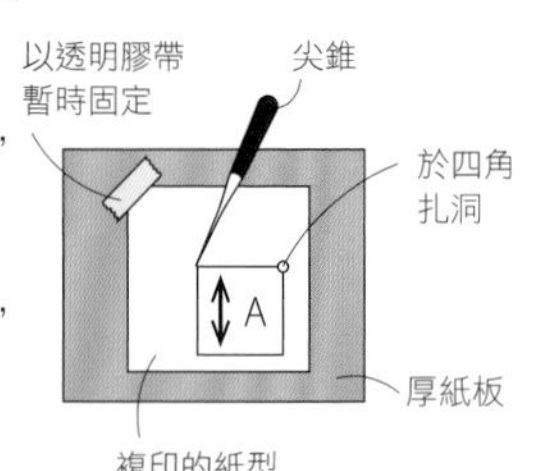

以透明膠帶暫時固定
尖錐
於四角扎洞
A
厚紙板
複印的紙型

●裁剪布片

以熨斗燙平布料，置於拼布專用裁布墊上，並於紙型的周圍打印。預留縫份處後，描繪下一個布片。

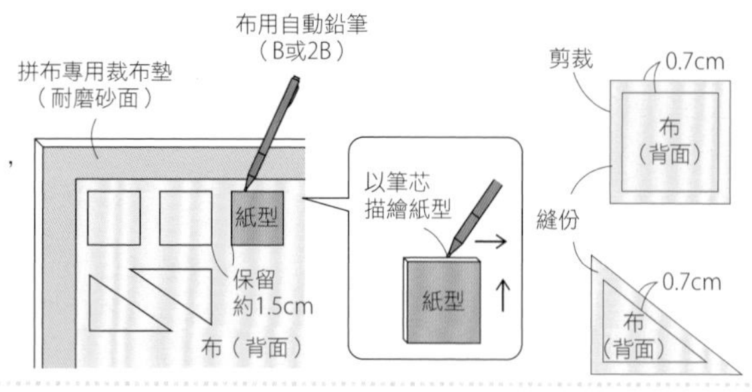

拼布專用裁布墊（耐磨砂面）
布用自動鉛筆（B或2B）
紙型
保留約1.5cm
布（背面）
以筆芯描繪紙型
紙型
剪裁
0.7cm
布（背面）
縫份
0.7cm
布（背面）

●縫法與縫線

使用戒指頂針器，進行平針縫。針距（針腳）長約0.1至0.2cm。取一股縫線縫合。為使這條線不明顯，最好使用原色或灰色等的中間色線。

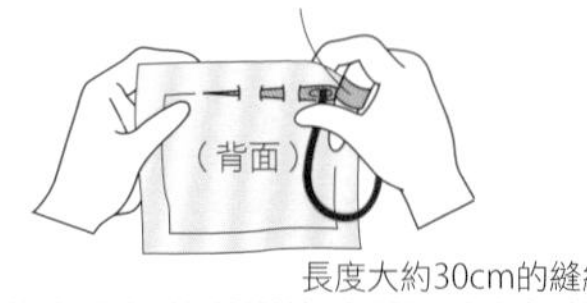

以中指的戒指頂針器往前推針
（背面）
長度大約30cm的縫線

●縫法

1 將縫合的兩片布，正面相對疊合後，以珠針固定。始縫時，由布端開始進行回針縫，縫至布端為止，抽緊縫線。止縫時，也作回針縫。

2 縫份是兩片一起倒向顏色較深的那片布。縫合兩組時，應對齊針距的中心。從布端開始縫起於中心進行回針縫後，縫至布端為止。

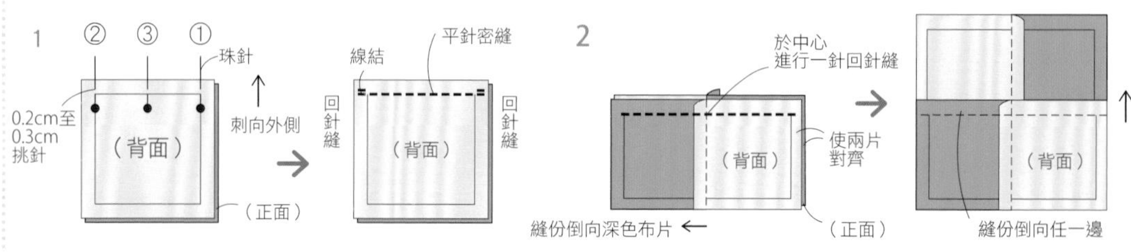

1
② ③ ①
珠針
0.2cm至0.3cm挑針
（背面）
刺向外側
（正面）
線結
平針密縫
回針縫
（背面）
回針縫
2
於中心進行一針回針縫
（背面）
使兩片對齊
縫份倒向深色布片
（正面）
（背面）
縫份倒向任一邊

●鑲嵌布片的拼接縫法

六角形或菱形等，無法以一直線縫合的布片，不縫到縫份地縫至記號處。將下一片布片縫至記號處，並避開縫份之後，與下一片布片接縫。將此種縫法稱為「鑲嵌布片的拼接縫法」。

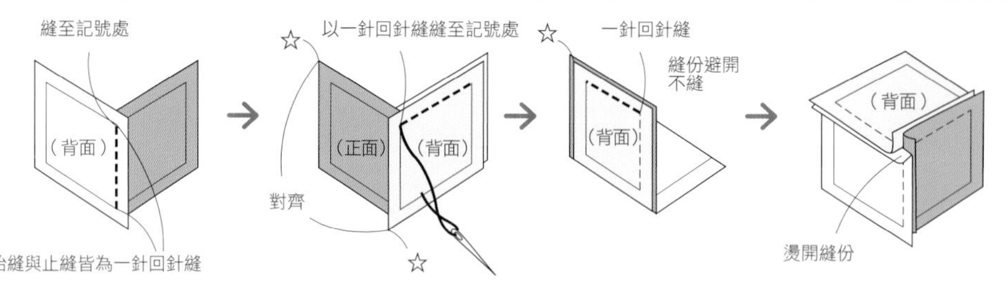

縫至記號處
（背面）
始縫與止縫皆為一針回針縫
☆
以一針回針縫縫至記號處
☆
（正面）
（背面）
對齊
☆
一針回針縫
縫份避開不縫
（背面）
（背面）
燙開縫份

貼布縫

所謂的貼布縫，是指將配色布置於背景布上，並加以縫合之意。重複多片層疊的貼布縫是由最下層開始往上依序縫合。

貼布縫的縫份為0.5cm。將厚紙板包縫在貼縫用布裡面，並作出摺痕；取出紙板之後，放在背景布上製作貼布縫。

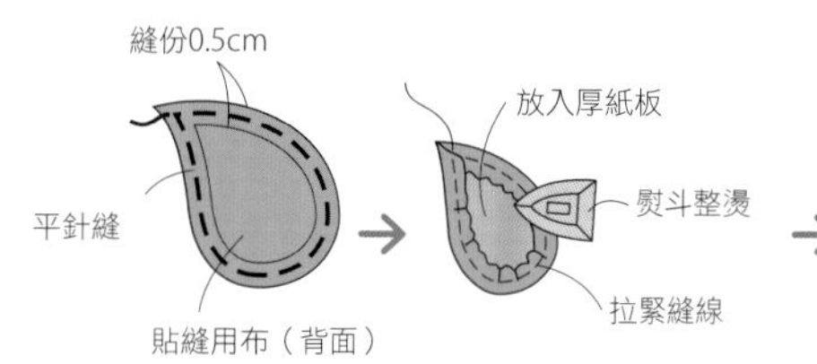

縫份0.5cm
平針縫
貼縫用布（背面）
放入厚紙板
熨斗整燙
拉緊縫線

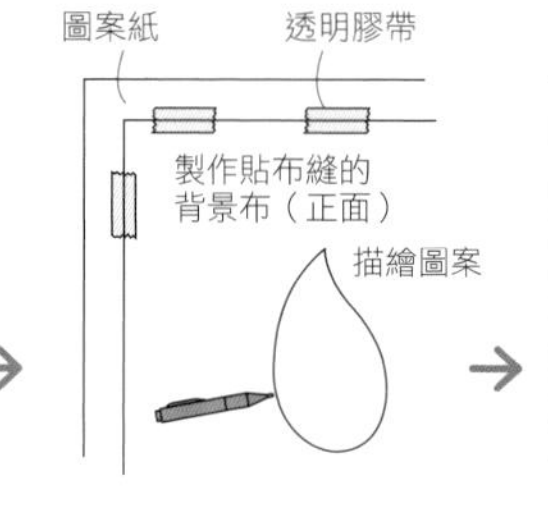

圖案紙
透明膠帶
製作貼布縫的背景布（正面）
描繪圖案

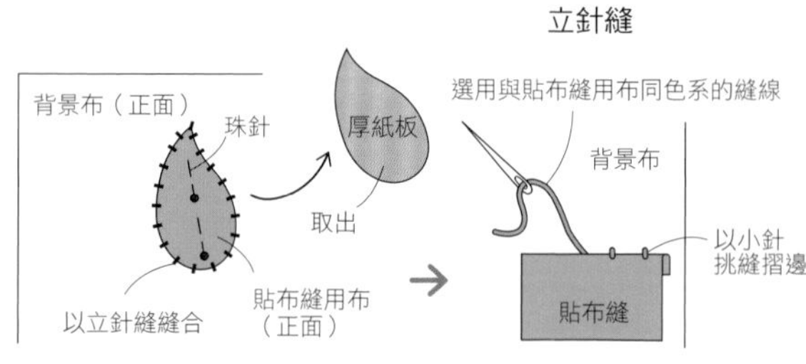

背景布（正面）
珠針
厚紙板
取出
以立針縫縫合
貼布縫用布（正面）
立針縫
選用與貼布縫用布同色系的縫線
背景布
以小針挑縫摺邊
貼布縫

疏縫

進行壓線前的準備工作即為三層疏縫。
是於拼縫布片或貼布縫完成後，所形成的一整片布，則稱之為表布。

●繪製壓線的線條

以布用自動鉛筆於表布上繪製線條。快速畫過，並將鉛筆多餘的鉛粉撣落，以避免造成表布髒污。進行菱格壓線時，使用方眼定規尺較為便利。

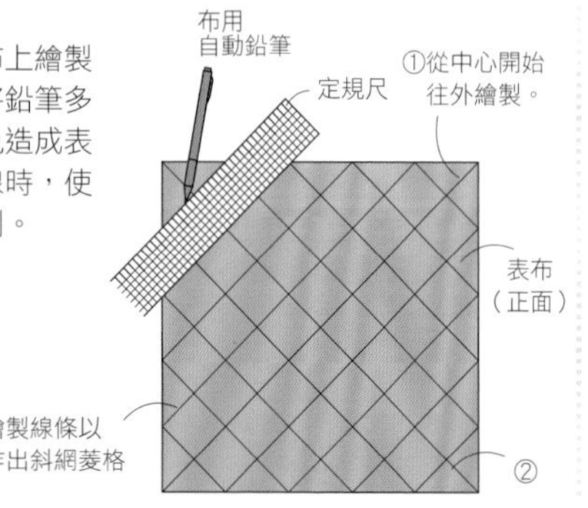

布用自動鉛筆
定規尺
①從中心開始往外繪製。
表布（正面）
繪製線條以作出斜網菱格
②

●三層疏縫

將表布、鋪棉與裡布疊放之後，進行三層疏縫。將三片布平鋪於平坦的桌面上，並以珠針暫時固定。由中心向外側呈放射狀進行疏縫。疏縫大型作品時，不可將布拿起。

若以柔軟的塑膠湯匙來輔助運針，會更容易掌控疏縫針。
約1.5cm
壓
取一股疏縫線

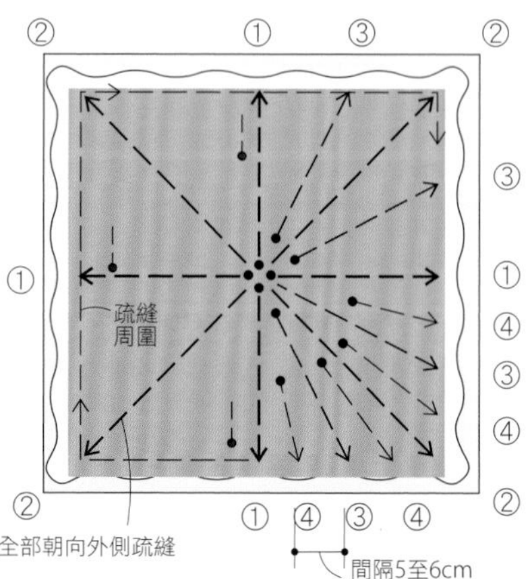

② ① ③ ②
③
① ①
④
③
④
疏縫周圍
② ②
① ④ ③ ④
全部朝向外側疏縫
間隔5至6cm

壓線

將三層疏縫好的布縫合，稱為壓線。

●手壓線與針距

取一股手縫線來進行壓縫。顏色使用淺駝色、原色或灰色等適合的色系。壓線用針需至裡布進行密縫，針距最好整齊為0.1cm至0.2cm。

壓線於始縫與止縫時，同樣皆於布的正面作處理。將於正面打的線結拉入布中藏線後，再剪線。壓線結束後，即拆除疏縫線。

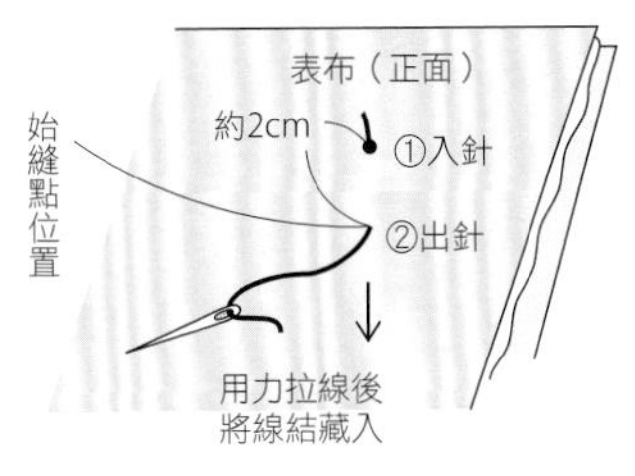

表布（正面）
始縫點位置
約2cm
①入針
②出針
用力拉線後
將線結藏入

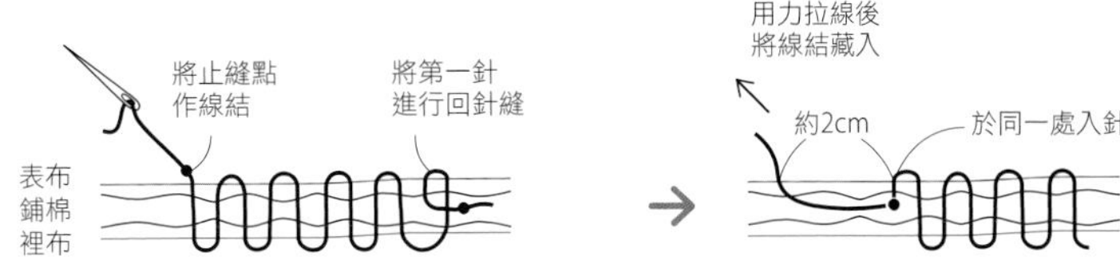

由側面觀看針距的情形
將止縫點
作線結
將第一針
進行回針縫
表布
鋪棉
裡布
用力拉線後
將線結藏入
約2cm
於同一處入針

●頂針器（指套）的用法

將皮製指套戴於縫紉那隻手的中指上，並將金屬製頂針器戴於頂針那隻手的中指。以頂針器頂針，將針尖頂到金屬頂針器，再往上推，使針尖穿出正面。

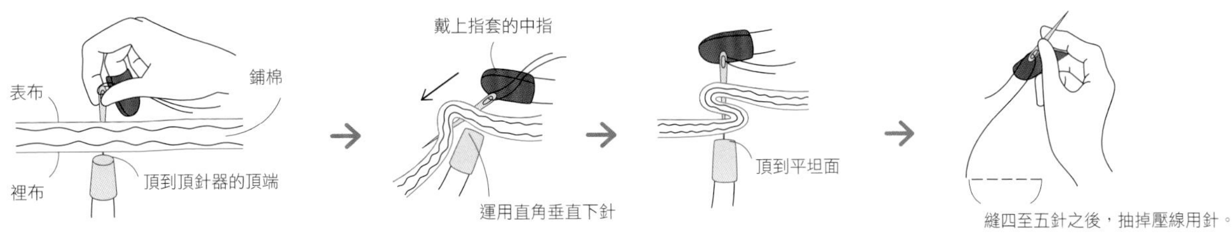

表布
鋪棉
裡布
頂到頂針器的頂端
戴上指套的中指
運用直角垂直下針
頂到平坦面
縫四至五針之後，抽掉壓線用針。

●小型作品的壓線

為了進行平針縫，而將布片靠攏後，再進行壓線縫合。由於這種縫法會使三層布片容易錯位，因此應事先進行細密的疏縫。

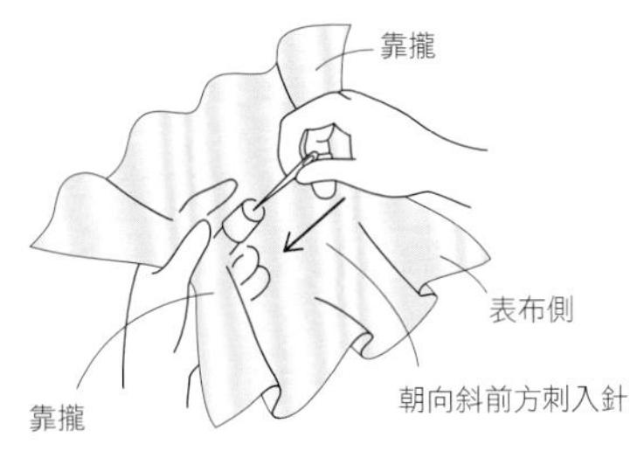

靠攏
表布側
靠攏
朝向斜前方刺入針

●使用壓線框的壓線

製作手提包或拼布等大型作品時，只要將作品綳在壓線框上，即可以漂亮的針距來進行壓線。鬆鬆地綳在壓線框上，頂在桌子邊緣之後，騰出雙手，使用頂針器的縫法。

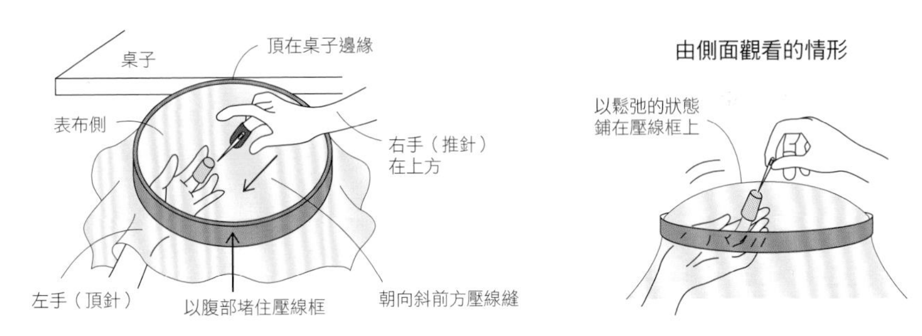

桌子
頂在桌子邊緣
表布側
右手（推針）
在上方
左手（頂針）
以腹部堵住壓線框
朝向斜前方壓線縫
由側面觀看的情形
以鬆弛的狀態
鋪在壓線框上

滾邊（包邊）

將壓線完成後的布端作邊飾，稱為滾邊。由於本書作品的製作完成寬度為0.8cm寬，因此以布紋直切或斜裁來裁剪成3.5cm寬的布條。

●斜布條的裁法

斜裁布條，並接縫之後，使之延伸長度。

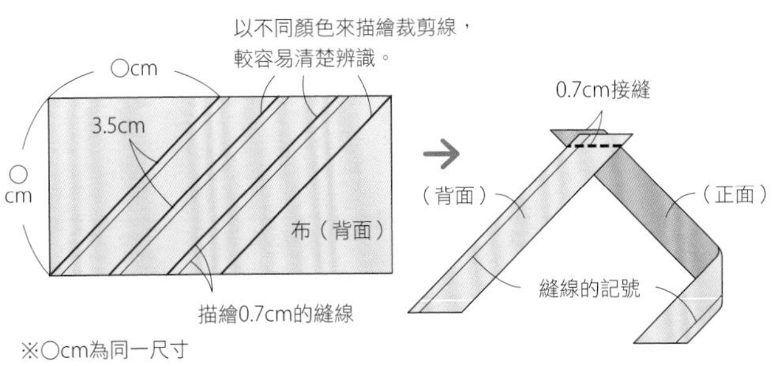

以不同顏色來描繪裁剪線，
較容易清楚辨識。
○cm
3.5cm
○
cm
布（背面）
描繪0.7cm的縫線
0.7cm接縫
（背面）
（正面）
縫線的記號

※○cm為同一尺寸

●直角滾邊縫法

縫至記號處後摺疊，並避開縫份接縫。包捲布邊後，再進行藏針縫。

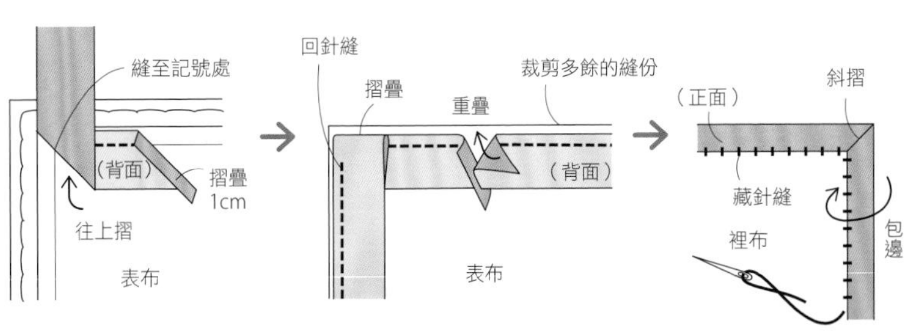

縫至記號處
（背面）
摺疊
1cm
往上摺
表布
回針縫
摺疊
重疊
裁剪多餘的縫份
（背面）
表布
（正面）
斜摺
藏針縫
裡布
包邊

拼布的縫製

縫製手提包等作品時，分別製作每個配件後，再以捲針縫、機縫，或是以裡布包捲縫份的包邊縫縫合。

●以捲針縫接縫的方法

將表布與鋪棉疊放，並與裡布正面相對疊合之後，縫合周圍。
翻至正面，將返口藏針縫，並作三層疏縫之後，進行壓線。以細密的捲針縫接縫兩組。

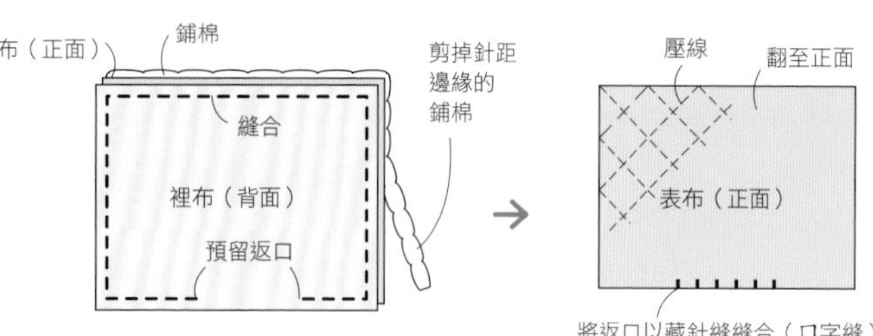

表布（正面）
鋪棉
縫合
裡布（背面）
預留返口
剪掉針距邊緣的鋪棉
壓線
翻至正面
表布（正面）
將返口以藏針縫縫合（ㄇ字縫）

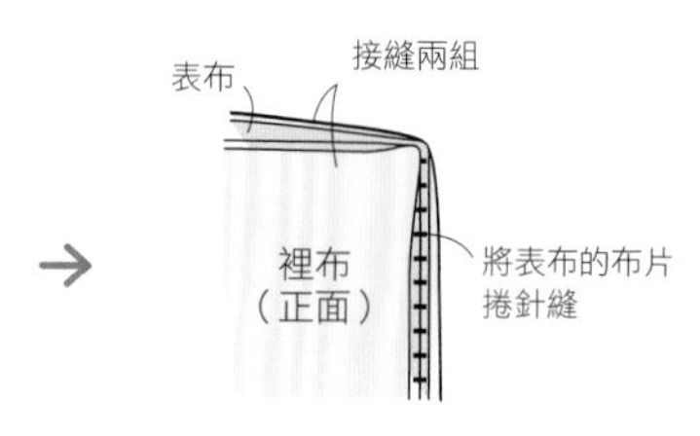

表布
接縫兩組
裡布（正面）
將表布的布片捲針縫

●縫法

0.1cm至0.2cm

捲針縫

藏針縫（ㄇ字縫）

0.2

●以裡布包捲縫份的包邊縫法

事先多預留裡布的縫份，以便包捲裁切的布邊後，進行藏針縫。

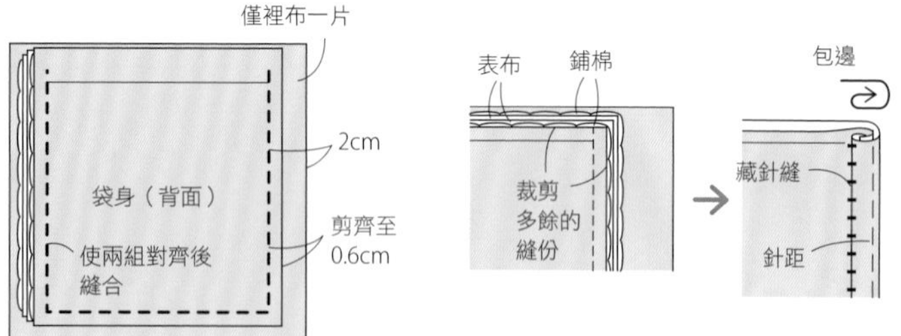

僅裡布一片
2cm
袋身（背面）
剪齊至0.6cm
使兩組對齊後縫合
表布
鋪棉
裁剪多餘的縫份
包邊
藏針縫
針距

●拉鍊縫法

以回針縫組裝拉鍊，並將兩端以藏針縫縫至袋身。

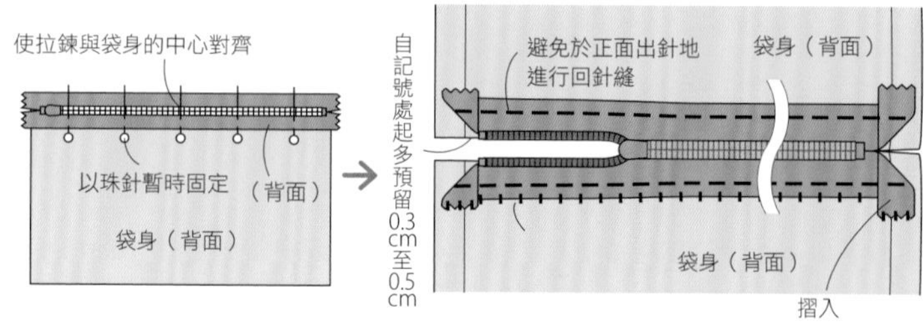

使拉鍊與袋身的中心對齊
以珠針暫時固定
（背面）
袋身（背面）
自記號處起多預留0.3cm至0.5cm
避免於正面出針地進行回針縫
袋身（背面）
袋身（背面）
摺入

●包釦的作法

以布片包住塑膠裸釦配件之後縫製。

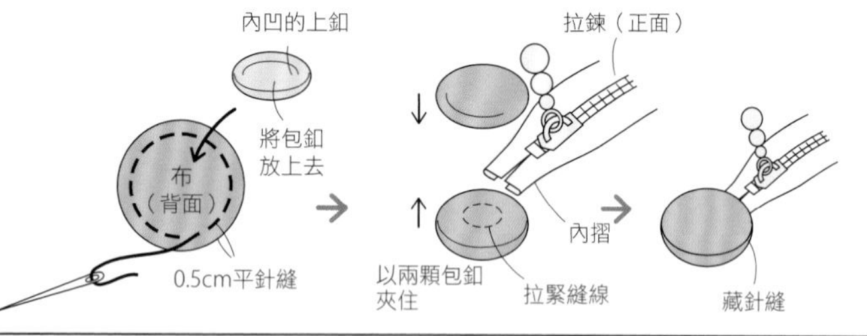

內凹的上釦
將包釦放上去
布（背面）
0.5cm平針縫
拉鍊（正面）
以兩顆包釦夾住
拉緊縫線
內摺
藏針縫

●拉鍊裝飾的作法

將布片平針縫之後，裝入鋪棉，並拉緊縫線，以便包住拉鍊的鍊頭。

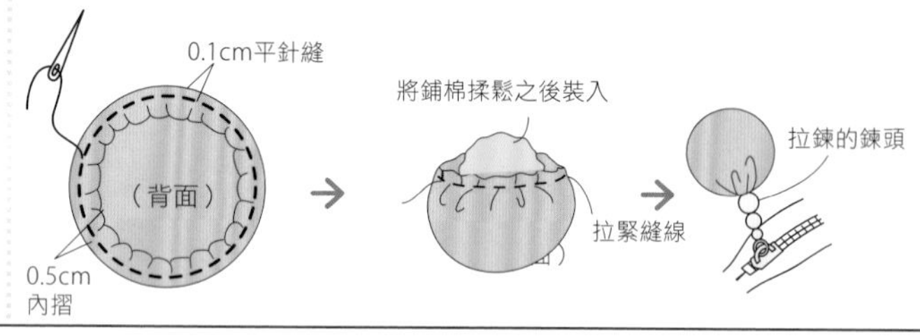

0.1cm平針縫
（背面）
0.5cm內摺
將鋪棉揉鬆之後裝入
拉緊縫線
拉鍊的鍊頭

刺繡的方法

25號繡線是依所記載的股數刺繡；5號（粗線）與手縫蠟線（燭芯極粗線）則是以一股線刺繡。

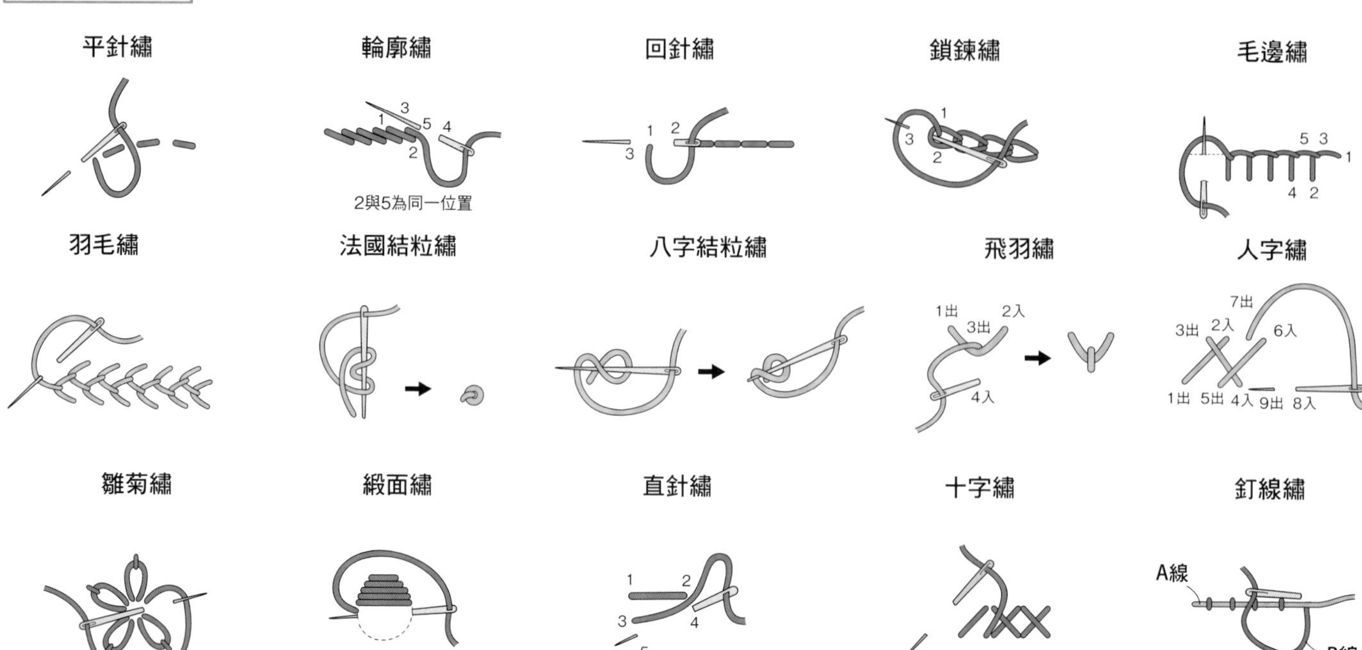

平針繡
輪廓繡
2與5為同一位置
回針繡
鎖鍊繡
毛邊繡
羽毛繡
法國結粒繡
八字結粒繡
飛羽繡
1出 2入 3出 4入
人字繡
1出 2入 3出 4入 5出 6入 7出 8入 9出
雛菊繡
緞面繡
直針繡
十字繡
釘線繡
A線
B線

附錄—— P.2 作品內中文翻譯

美式拼布與時代的關係

1600 英國成立東印度公司。

1607 英國政府於美國的維吉尼亞開始殖民。

1620 五月花號載有102名英國清教徒，抵達麻薩諸塞的普利茅斯。

1693 從門諾會分離出來的瑞士人——雅各阿曼司教，率領阿米希人。

1714 阿米希人開始移住美國的賓夕法尼亞。

1769 英國的理查・阿克萊特發明水力紡織機。

1773 波士頓傾茶事件。

1775 美國獨立戰爭。

1789 賽繆爾・斯萊特從英國偷渡美國，成功組裝紡織機。

1793 伊萊惠特尼發明軋花機。使棉花得以大量生產。

1851 艾薩克勝家取得縫紉機的專利權。

1852 斯托夫人發表「湯姆叔叔的小屋」。

1861 南北戰爭。

1862 由林肯政府制定公地放領法。

1865 廢止奴隸制。

1876 美國建國100周年紀念，在費城舉行世界博覽會。

1886 法國贈送紐約自由女神像。

1890 威廉・莫里斯等人發起美術工藝運動。新藝術運動風靡各國。

1914 第一次世界大戰。美國更加繁榮，拼布也再度流行。

1929 經濟大恐慌。拼布熱降溫。

1939 第二次世界大戰。

1971 Jonathan Holstein舉辦「美國拼布抽象設計」展。

1975 由Holstein催生，首次在日本東京舉辦拼布展。

1976 美國建國200周年，開始第二次拼布復興。

2009 第44任美國總統歐巴馬就職。

拼布、布、染色與設計的變遷

1500 印度喀什米爾地方作出渦旋圖案布料。

1780 英國染出土耳其紅。

1790 高價格的植物圖案印花染布掀起一陣風潮。

1790 在棉布或麻布上以單色線描繪平民的田園生活。

1790 流行條紋花樣

1800 支柱印花（柱狀）。

1810 以花式鉤編機所編織圓形圖樣的全盛期。

1820 波士頓傳教士為佈教之故遠渡夏威夷，
造就夏威夷風拼布的誕生。

1820 彩虹條紋。

1826 土耳其紅。

1830 蛇形條紋、偏心圓印花。

1840 法式鄉村風印花。

1840 德國化學家發現石灰、雨水與鐵銹反應後產生普魯士藍。
綠色則在普魯士藍裡加上黃鉛而成。

1840 能製作出巴爾的摩拼布的Mary Evanc具極高技術。

1846 彩虹印花，法語意指漸層溶化。

1856 英國威廉亨利珀金發現苯胺紫的合成。
在英國引起紫色流行現象。

1865 碎布印花（大流行）。

1868 合成染料茜素——紅色。

1872 位於倫敦肯辛頓皇家刺繡學院建校。

1876 碎布拼布大流行。在世界博覽會帶給日本館很大的影響。

1880 大眾化印花。蜜蜂、蒼蠅、錨、馬蹄鐵等樣式多變的印花。

1911 Marie Webster的作品首次在雜誌發表，
一時聲名遠播。展開郵購行銷模式。

1915 Marie Webster在美國發行第一本拼布書。

拼布美學 PATCHWORK 23

柴田明美のOne&Only

世界唯一！我的手作牌可愛拼布包

作　　者／柴田明美
譯　　者／彭小玲
發 行 人／詹慶和
總 編 輯／蔡麗玲
執行編輯／黃璟安
特約編輯／李盈儀
編　　輯／蔡毓玲・劉蕙寧・陳姿伶・白宜平・李佳穎
執行美編／周盈汝
美術設計／陳麗娜・翟秀美・韓欣恬
內頁排版／造極
出 版 者／雅書堂文化事業有限公司
發 行 者／雅書堂文化事業有限公司
郵政劃撥帳號／18225950
戶　　名／雅書堂文化事業有限公司
地　　址／新北市板橋區板新路206號3樓
電　　話／(02)8952-4078
傳　　真／(02)8952-4084
網　　址／www.elegantbooks.com.tw
電子信箱／elegant.books@msa.hinet.net

2015年10月初版一刷　定價420元

Lady Boutique Series No.3478
SHIBATA AKEMI SHIBUKUTE KAWAII PATCHWORK

總經銷／朝日文化事業有限公司
進退貨地址／新北市中和區橋安街15巷1號7樓
電話／(02) 2249-7714　傳真／(02) 2249-8715

國家圖書館出版品預行編目(CIP)資料

柴田明美の One&Only：世界唯一！我的手作牌可愛拼布包 / 柴田明美著；彭小玲譯. -- 初版. -- 新北市：雅書堂文化, 2015.10
面；　公分. --（拼布美學；23)
ISBN 978-986-302-273-2(平裝)

1. 拼布藝術 2. 手提袋

426.7　　104018919

日文原書作品製作協力

市坂孝子・伊藤文子・大勝裕美子・高島右子
立花俊美・本並京子・若宮素子
攝影協力／AWABEES

日文原書製作團隊

編輯／新井久子・三城洋子
攝影／山本倫子
攝影協力／AWABEES
書籍設計／右高晴美
製圖翻印／蓮見昌子・松尾容巳子